確率と統計
［Webアシスト演習付］

廣瀬英雄・藤野友和 共著

培風館

本書の無断複写は，著作権法上での例外を除き，禁じられています。
本書を複写される場合は，その都度当社の許諾を得てください。

はじめに

　数学も統計も数値を扱う学問としては同じように思えるがまったく違う．数学では，一つの数値は何か一つの具体的なものに対応できることを想定する．300gの赤いリンゴ2個の重さは600gであり，両方とも赤い．一方，統計では，一見ばらばらとしたたくさんの数値でわかりにくくなっている集団を代表させる数値について考える．290g, 310g, 300gのリンゴは1個平均300gなので，300gのリンゴ1個のことを考えればよい気がする．しかし，200g, 400g, 300gのリンゴも1個平均で300gだから，300gだけでは両者の違いを表せない．

　統計は，数値に加えて，このようにばらついた状況も把握しようとする．これまでずっと動きのない数値だけを取り扱ってきた感覚からは，この違いこそが統計的な数値を取り扱うのが難しいものだと感じさせてしまっている．しかし，慣れてしまえば難しくはない．統計リテラシー教育が低学年から進行していることに加え，多量のデータを科学的に見つめる社会的な姿勢が整いつつあるので，日本の大学でも，データを取り扱う感覚を鋭くする教育が進んでいくであろう．本書もその流れのなかに位置するものである．

　統計はさまざまな具体的データを取り扱う．観測されるデータからもとの状況をより正確に把握しようとすると，モデル化(抽象化)はデータによってそれぞれ異なるほどさまざまになる．多くのモデル化や手法について広い知識がなければ目の前のデータに立ち向かえないように思える．そこが統計をまた難しくしている．経験的な感覚が必要とされるからである．しかし，初めて統計的データを取り扱う学生に多くの手法を羅列したレシピを示すだけでは，新しく得られた観測データの取り扱いに困るであろう．

　本書は，大学低学年として必要と思われる統計の基礎を与えるものである．しかし，上に述べたような困難さを乗り越えるために，これまでの統計の教科書とは異なった工夫をした．まず，データに慣れさせるために，記述データを取り扱うことにこれまでより多くのページを割いた．次に，データがばらつく

背後の規則性 (確率) について，できるだけ簡素に正確に説明するようにした．統計データを取り扱うレシピについては，基本的なものを精選して本質的なことが理解できるように努めている．章末の問題提示はこれまでと同様であるが，他の教科書と大きく異なるところは，オンライン演習ができることである．「愛あるって」と称するアダプティブオンライン IRT システムは，学習者の習熟度にあわせた問題が自動的に出題されるため，少ない問題数でも正確な評価値を与えようとするシステムである．本書の内容にそった多くの問題をオンラインデータベースに載せ，多くの問題を楽しく解くことによって統計に慣れ親しんでもらいたいという願いが込められている．おおいに活用していただき，統計リテラシーが早く身につくようになれば著者の望外の喜びである．

2015 年 盛夏

著者しるす

培風館のホームページ

http://www.baifukan.co.jp/shoseki/kanren.html

から，オンライン学習のサイト「愛あるって」に入ることができる．あわせて，演習問題の詳細な解答・解説，本文中で省略した内容の補足解説が与えられているので，参考にして有効に活用していただきたい．

目　次

1. 記述統計学の基礎　　*1*
- 1.1 統計学で扱うデータの形式 1
- 1.2 尺度水準 4
- 1.3 量的変数に対する分布の把握 6
- 1.4 質的変数の要約 17
- 1.5 2変量データの記述統計 18

2. 確率の基礎　　*28*
- 2.1 確率の考え方 28
- 2.2 事象と集合族 29
- 2.3 確率の公理と確率空間 30
- 2.4 事象の独立性 31
- 2.5 ベイズの法則 33
- 2.6 確率変数 34
- 2.7 期待値と分散 39
- 2.8 パーセント点 42
- 2.9 確率変数の独立性 43
- 2.10 相関係数 44

3. いろいろな確率分布　　*47*
- 3.1 離散分布 47
- 3.2 連続分布 54
- 3.3 ポアソン分布と指数分布とガンマ分布の関係 63

4. 確率変数の演算　　*66*
- 4.1 確率変数の変換 66
- 4.2 同時分布と周辺分布 68
- 4.3 離散分布の確率変数の和 69
- 4.4 連続分布の確率変数の和 70
- 4.5 モーメント母関数 78

5. 大数の法則と中心極限定理　　*86*

　5.1　大数の法則 86
　5.2　中心極限定理 88

6. 推　　定　　*92*

　6.1　点推定 92
　6.2　区間推定 99

7. 仮説検定　　*113*

　7.1　母平均 μ に関する仮説検定 (分散既知) 113
　7.2　母平均 μ に関する仮説検定 (分散未知) 117
　7.3　母比率 p に関する仮説検定 119
　7.4　母分散 σ^2 に関する仮説検定 121
　7.5　仮説検定の考え方 122

8. 2つの母集団の比較　　*129*

　8.1　平均の差に関する推定・検定 (分散共通) 129
　8.2　平均の差に関する推定・検定 (分散既知) 131
　8.3　平均の差に関する推定・検定 (分散未知) 133
　8.4　分散の比に関する推定・検定 135
　8.5　母比率の差に関する推定・検定 137

9. 回帰と相関　　*141*

　9.1　回帰係数, 予測値の確率分布 141
　9.2　回帰係数, 予測値の区間推定 149
　9.3　回帰係数の仮説検定 151
　9.4　相関係数の仮説検定 152
　9.5　相関係数の区間推定 156

A. オンライン演習「愛あるって」　　*159*

　A.1　「愛あるって」の理論的背景 159
　A.2　「愛あるって」の使い方 161

演習問題略解　　*167*

付　　表　　*175*

索　　引　　*181*

1
記述統計学の基礎

　統計学は，実際に得られたデータ (**標本**) を理解して，そのデータが抽出されたもとの集団 (**母集団**) の性質についての推測を行うための方法論を扱う学問である．本章では，まずデータの形式について確認し，数値やグラフによるデータの要約方法について紹介する．得られたデータの要約を行う方法論は，統計学のなかでも特に**記述統計学** (descriptive statistics) とよばれる．記述統計学は，大量のデータを扱うことの多い現代社会において，その重要性が高まっている．

1.1 統計学で扱うデータの形式

　以下の数値は，平成 21 年に国土交通省に新型届出のあった普通/小型自動車のうち，一部の車種 (35 車種) についての燃費値 [km/ℓ] を並べたものである．

```
─ 平成 21 年新車燃費データ ─────────────
 32.6 20.8 19.8 18.0 14.0 9.7 19.8 17.4 13.2 11.0 18.0 18.0 18.0 17.2
 12.8 12.0 8.4 14.0 12.4 11.6 8.7 15.6 13.4 12.6 12.4 8.8 26.0 25.8 14.4
 12.4 11.6 11.2 9.9 8.6 8.2
```

　統計学では，このようなデータ (数値や記号) の集合を，興味のある集団全体から無作為に抽出された個体の特定の項目 (**変数**) を観測して得られた値 (**観測値**) と考える．抽出された個体の集まりを**標本** (sample) とよび，興味のある集団全体のことを**母集団** (population) とよぶ (図 1.1)．標本に含まれる観測値を

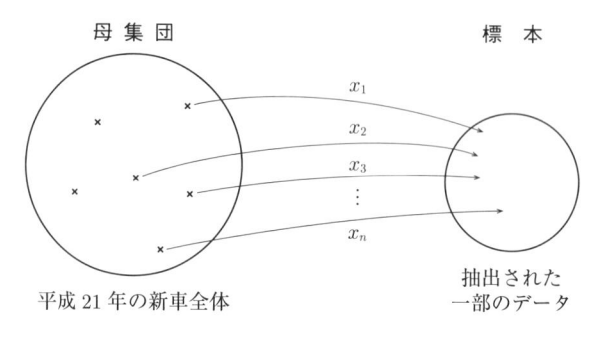

図 1.1 母集団と標本

一般に以下のように表す．

$$x_1, x_2, \ldots, x_n$$

ここで，n は標本に含まれる個体の数 (= 観測値の数) で，特に，標本であるということを強調する場合，**標本サイズ** (sample size) もしくは**サンプルサイズ**とよぶ．燃費のデータの場合，

$$x_1 = 32.6,\ x_2 = 20.8,\ \ldots,\ x_{35} = 8.2$$

であり，標本サイズ $n = 35$ である．

1つの個体につき，2項目の値を測定した場合の標本は **2変数のデータ**とよばれる．例えば，燃費のデータにおいて，排気量 [cc] も同時に記録した場合には，

$$(32.6, 1797),\ (20.8, 1329),\ \ldots,\ (8.2, 3471)$$

のようになる．一般には

$$(x_1, y_1),\ (x_2, y_2),\ \ldots,\ (x_n, y_n)$$

のように表現できる．$x_1, x_2, \ldots, x_n$ を変数 x で，$y_1, y_2, \ldots, y_n$ を変数 y で代表させる．この例の場合は，変数 x が燃費，変数 y が排気量を示している．

さらに，1つの個体につき，多くの項目を測定した場合の標本は**多変量データ**とよばれる．表 1.1 は，多変量データの例である[1]．標本サイズ n で p 変数の多変量データは，一般には次のような行列の形式で表現できる．

---

[1] 国土交通省：自動車燃費一覧 (平成 22 年 3 月) より一部抽出．
URL: http://www.mlit.go.jp/jidosha/jidosha_fr10_000004.html

1.1 統計学で扱うデータの形式

表 1.1 燃費性能データ (平成 21 年末までに新型届出のあった普通/小型自動車)

車名	総排気量 [cc]	変速装置	車両重量 [kg]	乗車定員	燃費値 [kg/ℓ]	CO_2排出量 [g-CO_2/km]	駆動形式	低排ガス認定レベル	ハイブリッド
A社	1797	CVT	1310	5	32.6	71	F	4	1
A社	1329	CVT	950	4	20.8	112	F	4	1
A社	2362	CVT	1590	5	19.8	117	F	4	1
A社	2362	CVT	1960	8	18	129	A	4	1
A社	3456	CVT	1850	5	14	166	R	4	1
A社	3456	6AT	1820	8	9.7	239	F	4	0
B社	2362	CVT	1640	5	19.8	117	F	4	1
B社	3456	CVT	2050	5	17.4	133	F	4	1
B社	3456	CVT	1860	5	13.2	176	R	4	1
B社	4968	CVT	2250	5	11	211	A	4	1
C社	1498	CVT	1105	5	18	129	F	4	0
C社	1498	CVT	1160	5	18	129	F	4	0
C社	1498	CVT	1180	5	18	129	F	4	0
C社	1498	CVT	1220	5	17.2	135	F	4	0
C社	1597	4AT	1350	7	12.8	181	F	4	0
C社	1997	CVT	1630	8	12	193	F	4	0
C社	3799	6AT	1715	4	8.4	276	A	3	0
D社	1798	CVT	1360	5	14	166	F	4	0
D社	1998	CVT	1525	7	12.4	187	F	4	0
D社	1998	CVT	1720	8	11.6	200	F	4	0
D社	2972	5AT	1965	5	8.7	267	A	4	0
E社	1498	CVT	1230	5	15.6	149	F	4	0
E社	1998	5AT	1400	5	13.4	173	F	4	0
E社	1998	5MT	1105	2	12.6	184	R	4	0
E社	1998	5AT	1670	8	12.4	187	F	4	0
E社	2260	6AT	1760	5	8.8	264	A	3	0
F社	1339	CVT	1190	5	26	89	F	4	1
F社	1339	CVT	1275	5	25.8	90	F	4	1
F社	1997	CVT	1390	7	14.4	161	F	4	0
F社	2354	CVT	1625	7	12.4	187	F	4	0
F社	2354	5AT	1505	5	11.6	200	F	4	0
F社	2354	5AT	1515	5	11.2	207	F	4	0
F社	2354	5AT	1845	8	9.9	235	F	4	0
F社	3664	5AT	1855	5	8.6	270	A	4	0
F社	3471	5AT	1955	8	8.2	283	F	4	0

$$\begin{pmatrix} x_{11} & x_{12} & \cdots & x_{1p} \\ x_{21} & x_{22} & \cdots & x_{2p} \\ \vdots & \vdots & \ddots & \vdots \\ x_{n1} & x_{n2} & \cdots & x_{np} \end{pmatrix}$$

表 1.1 のデータにおいては, $n=35, p=10$ である. $(x_{11}, x_{21}, \ldots, x_{n1})$ が車名に, $(x_{1p}, x_{2p}, \ldots, x_{np})$ がハイブリッドに対応している.

1.2 尺度水準

表 1.1 のデータでは，総排気量，車両重量，燃費値などの変数の観測値は数値である一方，車名，駆動方式などの変数の観測値は文字となっている．文字は例えば，駆動方式においては F = 1, A = 2, R = 3 のように，便宜的に数値に置き換えることができるが，その数値の尺度は本質的に数値として得られたデータとは異なる．ここでは，とりうる値の尺度による変数の分類について説明する．

名義尺度

駆動方式の例で利用した 1, 2, 3 という数値は駆動方式を分類するためだけに用いられる尺度で，数値の大小比較や演算を行うことに意味はない．このような尺度を**名義尺度** (nomial scale) とよぶ．割り当てる数値は，1, 2, 3 とする必要もなく，10, 11, 20 としても不都合はない．典型的な例としては，性別や血液型に割り当てられた数値や，ユーザー ID などがある．

順序尺度

名義尺度に，「大小比較ができる性質」が加わったものが**順序尺度** (ordinary scale) である．表 1.1 のデータにおいて，低排ガス認定レベルは 3 と 4 のいずれかの値をとっている．レベル 4 の車はレベル 3 の車よりも排気ガスをより低減できていると解釈できるため，この数値には順序関係が存在する．典型的な例としては，成績評価 (S = 4, A = 3, B = 2, C = 1, D = 0 など) やアンケート調査における選択項目 (特にそう思う = 5, そう思う = 4, どちらでもない = 3, そう思わない = 2, まったくそう思わない = 1) などがあげられる．

間隔尺度

順序尺度に，「差が等しければ間隔も等しいという性質」が加わったものが**間隔尺度** (interval scale) である．順序尺度であげたアンケート調査における選択項目の例では，5 と 4 の差と 4 と 3 の差が実質的に等しいかどうかは明確でないため，これは間隔尺度であるとはいえない．間隔尺度の典型的な例としては，温度 (摂氏) などがあげられる．

比例尺度

間隔尺度に，「数値どうしの比に実質的な意味があるという性質」が加わったものが**比例尺度** (ratio scale) である．表 1.1 のデータにおいては，総排気

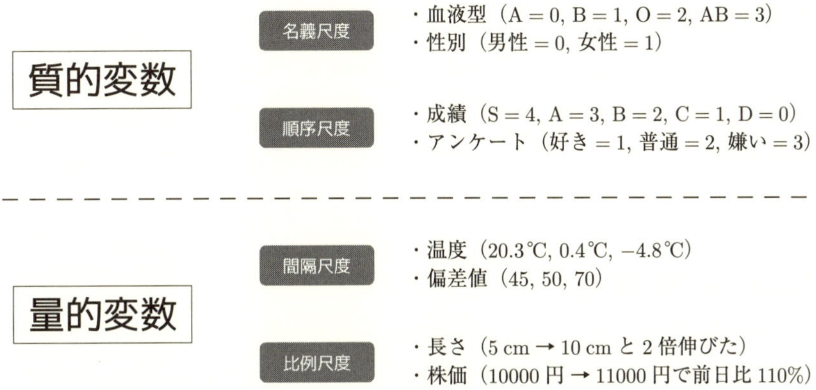

1.2 尺度水準

質的変数
- 名義尺度
  - ・血液型（A = 0, B = 1, O = 2, AB = 3）
  - ・性別（男性 = 0, 女性 = 1）
- 順序尺度
  - ・成績（S = 4, A = 3, B = 2, C = 1, D = 0）
  - ・アンケート（好き = 1, 普通 = 2, 嫌い = 3）

量的変数
- 間隔尺度
  - ・温度（20.3 ℃, 0.4 ℃, −4.8 ℃）
  - ・偏差値（45, 50, 70）
- 比例尺度
  - ・長さ（5 cm → 10 cm と 2 倍伸びた）
  - ・株価（10000 円 → 11000 円で前日比 110%）

図 1.2　変数の分類と尺度水準

量，車両重量，燃費値，CO_2 排出量などが該当する．温度の場合，10 ℃ から 20 ℃ に気温が上昇したからといって，温度が 2 倍になったとはいわない．したがって，温度は比例尺度とは考えられない．比例尺度の場合は，「ゼロ」が存在しないことを意味する．典型的な例としては，重さや長さなどがあげられる．

名義尺度もしくは順序尺度の値をとる変数を**質的変数** (qualitative variable)，間隔尺度もしくは比例尺度の値をとる変数を**量的変数** (quantitative variable) とよぶ．データに含まれる変数がどのようなタイプのものであるかによって，統計学におけるどの分析手法を用いるかや，データをどのように表現するかも変わってくる．統計学の体系を理解するためにも，変数の分類や尺度水準について理解しておくことが重要である．

問 1.1　表 1.1 のデータにおける各変数について，それが質的変数であるか量的変数であるか，さらにどの尺度水準であるかを検討せよ．

1.3 量的変数に対する分布の把握

データが得られて最初に行うことは，量的変数の場合，どのようにデータが分布しているかを理解することである．データの存在範囲はどのあたりか，その範囲の広さはどのくらいか，中心はどのあたりかなどを，データから算出した数値やグラフによって明らかにする．

1.3.1 平 均 値

n 個の観測値 $x_1, x_2, \ldots, x_n$ の平均値 (mean) $\bar{x}$ は

$$\bar{x} = \frac{1}{n}\sum_{i=1}^{n} x_i$$
$$= \frac{1}{n}(x_1 + x_2 + \cdots + x_n)$$

により定義できる．

例 1.1 表 1.1 のデータにおいて，車名が「A 社」である車の車両重量の平均値は，

$$\frac{1}{6}(1310 + 950 + 1590 + 1960 + 1850 + 1820) = 1580\,[\mathrm{kg}]$$

と計算できる． □

平均値は，各観測値とのずれの大きさの合計を最小にする値となっており，その意味で観測値の代表として用いることができる．

問 1.2 n 個の観測値 $x_1, x_2, \ldots, x_n$ が得られたとする．ある定数 a に対して，各観測値と a の差の 2 乗和

$$\sum_{i=1}^{n}(x_i - a)^2$$

を最小にするような a は $\bar{x}$ と一致することを示せ．

問 1.3 以下の式が成り立つことを示せ．

$$\sum_{i=1}^{n}(x_i - \bar{x}) = 0$$

1.3.2 中 央 値

平均値と同じように，観測値の代表として用いることのできる指標として**中央値** (メディアン：median) がある．観測値を値の大きさの昇順に並べたも

1.3 量的変数に対する分布の把握

のを

$$x_{(1)} \leqq x_{(2)} \leqq \cdots \leqq x_{(n)}$$

とするとき，中央値 m は

$$m = \begin{cases} x_{(\frac{n+1}{2})}, & n \text{ が奇数のとき} \\ \frac{1}{2}\{x_{(\frac{n}{2})} + x_{(\frac{n}{2}+1)}\}, & n \text{ が偶数のとき} \end{cases}$$

と定義される．すなわち，中央値によって観測値が 2 分割され，中央値以下の値と中央値以上の値の個数が等しくなる．

例 1.2 表 1.1 のデータにおいて，車名が「A 社」である車の車両重量を昇順に並べると

$$950, 1310, 1590, 1820, 1850, 1960$$

となる．観測値は 6 個で偶数個であるから，中央値 m は

$$m = \frac{1}{2}\left\{x_{(\frac{6}{2})} + x_{(\frac{6}{2}+1)}\right\} = \frac{1}{2}\left\{x_{(3)} + x_{(4)}\right\}$$
$$= \frac{1}{2}(1590 + 1820) = 1705 \, [\text{kg}]$$

となる． □

以上で述べた平均値と中央値以外にも，**最頻値**や**重み付き平均**，**幾何平均**などが観測値の代表として用いられることがある．

1.3.3 平均値と中央値

平均値と中央値はいずれも観測値を代表する値として用いられる．しかし，例 1.1 と例 1.2 で計算したように，これらが大きく異なる値を示すことも多い．平均値は，個々の観測値の合計に基づいて算出されるため，個々の値が変化したとすると平均値もただちに変化する．特に，ある特定の値が他のほとんどの観測値から大きく離れた値に変化した場合，平均値も大きく変化して，平均値が観測値の代表として適さない状態となる．例において，観測値の最大値のみ 10 倍[2] したようなデータ

---

[2] データの入力ミスや測定機器の操作ミスなどでこのような値が発生する可能性がある．このようなデータは吟味したうえ，修正したり分析対象から外したりする必要がある．このような観測値のことを**外れ値**とよぶ．定量的には後述の箱ひげ図の説明の際に定義する．

$$950, 1310, 1590, 1820, 1850, 19600$$

に対して平均値を計算すると 4520 kg となる．6 個の観測値のうち，5 個が平均値以下となってしまう．一方で，中央値はこの観測値に対しても変化せず 1705 kg である．中央値は，もとの中央値をまたぐような観測値の変化が起こらないかぎり，変化しない．

一般的には観測値の代表としては平均値が用いられることが多いが，データの特性に応じて中央値を利用することも検討すべきである．平均値について言及する場合には特に注意が必要である．ただし，数学的には並べ替えを必要とする中央値よりも，平均値のほうが扱いやすく，統計学の理論のベースとなる部分は平均値と関連している．

問 1.4 表 1.1 のデータで，質的変数 (車名など) によって車を分類し，グループごとに量的変数 (車両重量など) の平均値や中央値を計算して比較せよ．

1.3.4 散布度

表 1.1 のデータの E 社と D 社の燃費値について，それぞれ平均値と中央値を計算すると以下のようになる．

車名	平均値	中央値
E 社	12.56	12.60
D 社	11.68	12.00

平均値も中央値もそれぞれの車名について近い値を示している．しかしながら，このことだけに基づいて，それぞれのデータどうしが類似していると断定するのは早い．中央値や平均値が近い値を示すデータどうしであっても，観測値が平均値のまわりに集中している傾向にあったり，平均値から大きく離れる傾向にあったりする．このような「観測値のばらつきを示す指標」が**散布度** (dispersion) である．統計学になじみのない人は，観測値の**範囲** (range) を真っ先に思い浮かべるかもしれない．範囲は，観測値を昇順に並べた $x_{(1)} \leqq x_{(2)} \leqq \cdots \leqq x_{(n)}$ に対して，

$$x_{(n)} - x_{(1)}$$

で定義される．範囲はわかりやすい指標である一方，データの両端の値に直接

1.3 量的変数に対する分布の把握

影響を受ける．したがって，両端の値のいずれかが極端に大きかったり小さかったりすると，ばらつき具合を測る指標としては適切なものとはならない．一方，ばらつきを「各観測値の平均値からのずれの大きさの合計」と考えるとき，次式の**平均偏差** (mean deviation)

$$\frac{1}{n}\sum_{i=1}^{n}|x_i - \bar{x}|$$

がこのことを反映した指標となりうる．しかしながら，絶対値が含まれるため，理論的にはやや扱いにくい指標である．

分散と標準偏差

統計学でもっともよく利用される散布度は**分散**と**標準偏差**である．
n 個の観測値 $x_1, x_2, \ldots, x_n$ の**分散** (variance) s^2 は

$$s^2 = \frac{1}{n}\sum_{i=1}^{n}(x_i - \bar{x})^2$$

と定義される．ここでは，ばらつきを「各観測値の平均値からのずれの 2 乗の平均」ととらえている．分散の定義式は以下のように書き換えることができる．

$$\begin{aligned}
s^2 &= \frac{1}{n}\sum_{i=1}^{n}(x_i^2 - 2\bar{x}x_i + \bar{x}^2) \\
&= \frac{1}{n}\left\{\sum_{i=1}^{n}x_i^2 - \frac{2\bar{x}}{n}\sum_{i=1}^{n}x_i + \frac{1}{n}\sum_{i=1}^{n}\bar{x}\right\} \\
&= \frac{1}{n}\sum_{i=1}^{n}x_i^2 - 2\bar{x}^2 + \bar{x}^2 \\
&= \frac{1}{n}\sum_{i=1}^{n}x_i^2 - \bar{x}^2
\end{aligned} \tag{1.1}$$

例 1.3 表 1.1 のデータの E 社の燃費値の分散は

$$\begin{aligned}
s^2_{\text{E 社}} &= \frac{1}{5}(15.6^2 + 13.4^2 + 12.6^2 + 12.4^2 + 8.8^2) - 12.56^2 \\
&= 4.82
\end{aligned}$$

また，D 社の燃費値の分散は

$$\begin{aligned}
s^2_{\text{D 社}} &= \frac{1}{4}(14.0^2 + 12.4^2 + 11.6^2 + 8.7^2) - 11.68^2 \\
&= 3.58
\end{aligned}$$

と計算できる．データにおける燃費値のばらつきは E 社のほうが大きいといえる．　□

　分散の定義には観測値の 2 乗が含まれており，分散の単位は観測値の単位の 2 乗となる．観測値と同じ単位で散布度を表現したい場合には分散の平方根をとった**標準偏差** (standard deviation) が用いられる．標準偏差 s は

$$s = \sqrt{\frac{1}{n}\sum_{i=1}^{n}(x_i - \bar{x})^2}$$

と定義される．

　例 1.4　表 1.1 のデータの E 社と D 社の燃費値の標準偏差はそれぞれ

$$s_{\text{E 社}} = \sqrt{4.82} = 2.20, \quad s_{\text{D 社}} = \sqrt{3.58} = 1.89$$

となる．それぞれの燃費値を，平均値と標準偏差を用いて，

$$12.6 \pm 2.2\,[\text{km}/\ell], \quad 11.7 \pm 1.9\,[\text{km}/\ell]$$

と表すことがある．　□

　問 1.5　表 1.1 のデータで，質的変数 (車名など) によって車を分類し，グループごとに量的変数 (車両重量など) の標準偏差を計算してばらつきを比較せよ．

変数の変換と平均値・分散

　n 個の観測値 $x_1, x_2, \ldots, x_n$ に対して，

$$y_i = ax_i + b \quad (i = 1, 2, \ldots, n)$$

と変換して，$y_1, y_2, \ldots, y_n$ を得たとする．それらの平均値を $\bar{y}$, 分散を s_y^2 とするとき，以下の関係式が成り立つ．

$$\bar{y} = a\bar{x} + b \tag{1.2}$$

$$s_y^2 = a^2 s_x^2 \tag{1.3}$$

$$s_y = |a|s_x \tag{1.4}$$

ただし，s_x^2 は $x_1, x_2, \ldots, x_n$ の分散である．最初に得られた観測値から，単位の変換をする場合などに利用できる．

　問 1.6　上の式を証明せよ．

1.3.5 度数分布表

これまで，量的変数の観測値の特徴をいくつかの数値で表現してきた．より詳細に量的変数の観測値の分布を検討するために，**度数分布** (frequency distribution) **表**を作成する．度数分布表とは，量的変数の観測値の範囲をいくつかの区間に分割し，それらの区間 (**階級**) ごとに含まれる観測値の個数 (**度数**, frequency) を数えて表にしたものである．

表 1.1 のデータにおける，車両重量の度数分布表の例を表 1.2 に示す．

表 1.2 車両重量の度数分布表

階級	階級値	度数	相対度数	累積度数	累積相対度数
800以上 ～ 1000未満	900	1	0.03	1	0.03
1000以上 ～ 1200未満	1100	5	0.14	6	0.17
1200以上 ～ 1400未満	1300	7	0.20	13	0.37
1400以上 ～ 1600未満	1500	5	0.14	18	0.51
1600以上 ～ 1800未満	1700	7	0.20	25	0.71
1800以上 ～ 2000未満	1900	8	0.23	33	0.94
2000以上 ～ 2200未満	2100	1	0.03	34	0.97
2200以上 ～ 2400未満	2300	1	0.03	35	1.00
合計		35	1.00		

データ全体の観測値の個数に対するその階級の度数の割合を**相対度数** (relative frequency) という．また，その階級以下の階級に含まれる観測値の個数を**累積度数** (cumulative frequency) という．データ全体の観測値の個数に対するその階級の累積度数の割合を**累積相対度数** (cumulative relative frequency) という．**階級値** (class value) は各階級の区間のちょうど中央，すなわち区間の上限と下限を足して 2 で割った値である．

度数分布表と平均値・分散

実際に得られた観測値から度数分布表を作成することもあれば，観測値は得られなかったものの，度数分布表のみが与えられる場合もある．例えば大規模データを扱うときに，作成済みの度数分布表のみを参照する場合や，統計調査やアンケート調査の調査結果において，秘密保護の観点から度数分布表のみを開示する場合などである．このような場合に，度数分布表から平均値や分散を計算することはできるだろうか．

度数分布表における階級数を K, 階級値を $c_1, c_2, \ldots, c_K$ とする. 各階級の度数を $f_1, f_2, \ldots, f_K$ とするとき, 観測値の平均値 $\bar{x}$ は,

$$\bar{x} \fallingdotseq \frac{1}{n} \sum_{k=1}^{K} c_k f_k = \sum_{k=1}^{K} c_k \left(\frac{f_k}{n} \right)$$

と近似できる. 各階級に含まれる個々の観測値をその階級の階級値に置き換えて計算していると考えればよい. また, $\dfrac{f_k}{n}$ は各階級の相対度数である.

分散も同様の考え方により, 以下の式で近似できる.

$$s^2 \fallingdotseq \frac{1}{n} \sum_{k=1}^{K} (c_k - \bar{x})^2 f_k = \sum_{k=1}^{K} (c_k - \bar{x})^2 \left(\frac{f_k}{n} \right)$$

式 (1.1) より,

$$s^2 \fallingdotseq \sum_{k=1}^{K} c_k^2 \left(\frac{f_k}{n} \right) - \bar{x}^2$$

としてもよい.

例 1.5 表 1.2 の度数分布表から平均値と分散の近似値を計算する. 平均値は,

$$\bar{x} \fallingdotseq 900 \cdot 0.03 + 1100 \cdot 0.14 + \cdots + 2300 \cdot 0.03$$
$$= 1560$$

であり, 観測値から計算した値 1558 に近い値となっている. 一方, 分散は

$$s^2 \fallingdotseq 900^2 \cdot 0.03 + 1100^2 \cdot 0.14 + \cdots + 2300^2 \cdot 0.03 - 1560^2$$
$$= 112400$$

であり, 観測値から計算した値 98993 よりもやや大きな値となっている. しかし, 標準偏差を計算すると

$$s \fallingdotseq \sqrt{112400} = 335$$

となり, 観測値から計算した値 315 に比較的近い値となっている. □

問 1.7 表 1.1 のデータで燃費値などの量的変数について度数分布表を作成しなさい. また, 度数分布表から平均値や分散を計算して, どの程度近似できるかを確認せよ.

1.3.6　ヒストグラム

度数分布表を棒グラフのように表現したものが**ヒストグラム** (histogram) である (図 1.3). ヒストグラムによって, 観測値の分布の特徴を直観的に理解することができる. ヒストグラムを観察する際には, ピークの数や対称性を確認しておくとよいだろう. 2つ以上のピークは, 異質のデータが混在している可能性を示す. 非対称なデータは, 平均値を利用することへの危険性を示す.

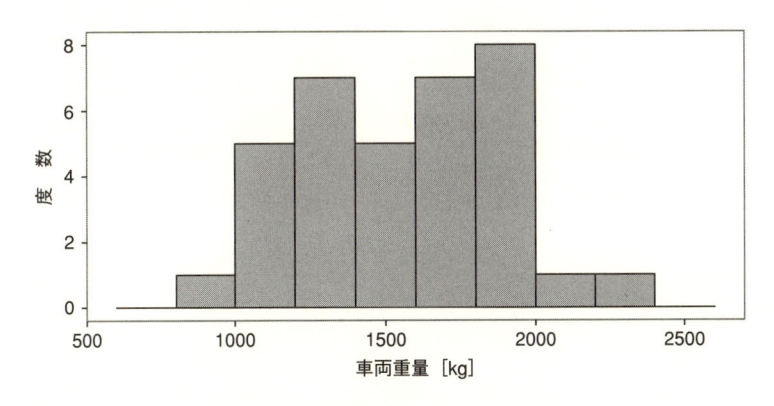

図 1.3　車両重量のヒストグラム

階級幅と階級数について

度数分布表の階級幅は, 必ずしも等間隔である必要はない. 例えば年間所得のデータに対する階級を, 1000 万円までは 100 万円刻みで作成して, 1000 万円以降は 1000 万円刻みで作成するような場合がある. このような度数分布表に対して, ヒストグラムの棒の高さを度数としてしまうと, 実際とは異なった印象を与えてしまう. 階級幅が異なる場合には, ヒストグラムの棒の面積を度数に比例させるように描くべきである. 特に, 棒の面積を相対度数とした場合の棒の高さ (相対度数÷区間幅) のことを**密度** (density) とよぶことがある. このような意味で, ヒストグラムと棒グラフは異なるものであるため, 混同しないよう気をつけなければならない.

また, 同一のデータに対して階級数の異なるヒストグラムを作成することができる. 階級数が少なすぎたり, 多すぎたりすると母集団におけるデータの分布を適切に反映したものとならないので, 階級数の取り方もヒストグラムを作成する際に注意すべき点のひとつである (図 1.4, 1.5 参照).

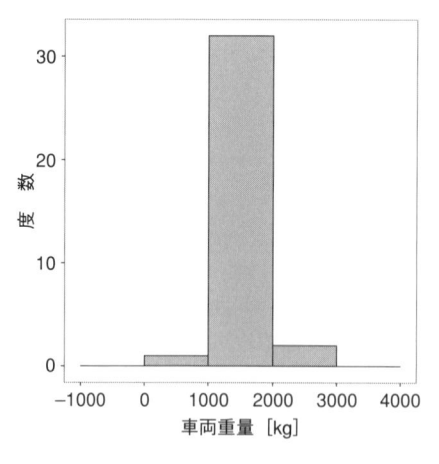

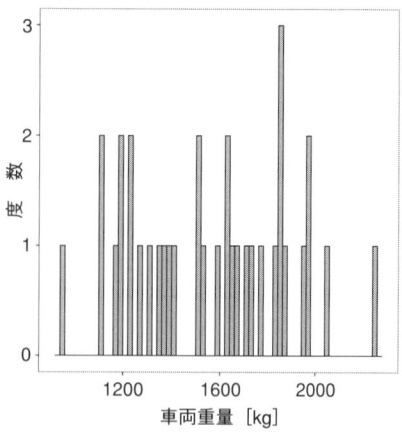

図 1.4　階級数が少ない場合の例　　　図 1.5　階級数が多い場合の例

問 1.8　表 1.1 のデータで燃費値などの量的変数についてヒストグラムを作成せよ．階級数を極端に少なくしたり多くしたりした場合のヒストグラムを作成し，比較してみよ．また，度数分布表の一部の隣接した階級を併合した場合のヒストグラムを作成せよ．

1.3.7　四分位点

量的変数の分布を示す指標として**四分位点** (quartile) がある．四分位点は昇順に並べた観測値を，それぞれの区間に含まれる観測値の個数が等しくなるように 4 分割する点である．

四分位点は，簡易的には以下のように求めることができる．中央値により観測値を 2 分割できるので，まず中央値を求めてから，中央値より大きい観測値の中央値と，中央値より小さい観測値の中央値を求めることによりすべての四分位点を得ることができる．四分位点の小さいほうから順に，**第 1 (下側) 四分位点**，**第 2 四分位点** (= 中央値)，**第 3 (上側) 四分位点**とよび，それぞれ記号で q_L, q_M, q_U と表す．

パーセント点 (percentile)[3] (百分位点) が用いられることもある．第 1 四分位点は 25 パーセント点，第 2 四分位点は 50 パーセント点，第 3 四分位点は 75 パーセント点 (= 上側 25 パーセント点) に対応する．

---

3)　3.8 節を参照．

1.3 量的変数に対する分布の把握

四分位点を用いて散布度を表現することもある．上側四分位点と下側四分位点の差

$$\mathrm{IQR} = q_U - q_L$$

を**四分位範囲** (interquartile range) とよぶ．また，IQR の半分の値を**四分位偏差** (quartile deviation) とよぶ．

例 1.6 表 1.1 のデータにおいて，車名が「F 社」である車の CO_2 排出量を昇順に並べると

$$89, 90, 161, 187, 200, 207, 235, 270, 283$$

となる．観測値の個数は 9 個であるから，中央値 $q_2 (= m)$ は 5 番目の 200 となる．第 1 四分位点 q_L は中央値より小さい 4 個の観測値の中央値であるから，$(90 + 161)/2 = 125.5$ となる．第 3 四分位点 q_U は中央値より大きい 4 個の観測値の中央値であるから，$(235 + 270)/2 = 252.5$ となる．四分位範囲 IQR は $252.5 - 125.5 = 127$ である． □

1.3.8 箱ひげ図

四分位点を用いて，量的変数の分布を**箱ひげ図** (box plot) により可視化することができる．図 1.6 に箱ひげ図の描き方を示している．箱の部分は箱の底の y 座標が第 1 四分位点 q_L，箱の上部の y 座標が第 3 四分位点 q_U，中央の水平線の y 座標が中央値 q_M となるように描かれる．すなわち，箱の y 座標の範囲に観測値の半分が含まれることになる．箱から上下に伸びた「ひげ」の部分は，上端が $q_U + 1.5\mathrm{IQR}$ 以下の観測値のうち最大の値，下端が $q_L - 1.5\mathrm{IQR}$ 以上の観測値のうち最小の値となるように描かれる．区間 $[q_L - 1.5\mathrm{IQR}, q_U + 1.5\mathrm{IQR}]$ の範囲外の観測値を**外れ値** (outlier) と定義し，観測値をプロットする．

例 1.7 表 1.1 のデータの燃費値についての箱ひげ図は，図 1.7 のようになる．第 1 四分位点 q_L は 11.4，中央値 q_M は 13.2，第 3 四分位点 q_U は 18.0 である．四分位範囲は

$$\mathrm{IQR} = 18.0 - 11.4 = 6.6$$

であるから，

$$q_L - 1.5 \cdot \mathrm{IQR} = 11.4 - 1.5 \cdot 6.6 = 1.5$$

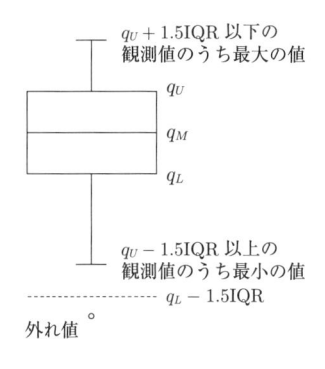

図 1.6　箱ひげ図の描き方　　　図 1.7　燃費値の箱ひげ図

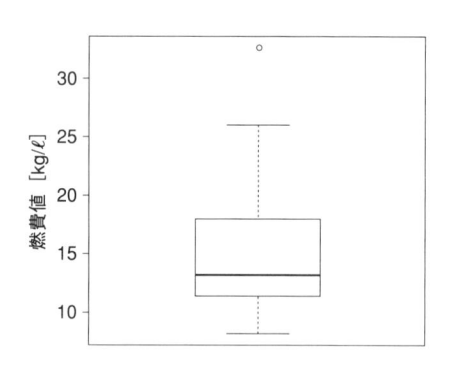

$$q_U + 1.5 \cdot \text{IQR} = 18.0 + 1.5 \cdot 6.6 = 27.9$$

となる．区間 $[1.5, 27.9]$ に含まれる観測値のうち，最小値は 1.5 で最大値は 26.0 であり，これらがそれぞれ「ひげ」の下端と上端となる．範囲外の観測値 32.6 は，外れ値となるため，個別にプロットされる． □

箱ひげ図もヒストグラムと同様に，量的変数の分布を理解するために有効である．箱ひげ図は，分布を理解することに加え，複数のグループ間での分布の比較をするために用いられる．図 1.8 は，燃費値の分布を車名ごとに箱ひげ図として表現したものである．

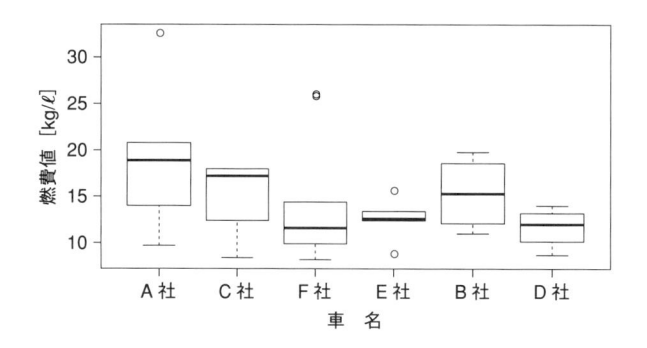

図 1.8　箱ひげ図による燃費値の分布の車名ごとの比較

問 1.9 表 1.1 のデータで燃費値などの量的変数について箱ひげ図を作成せよ．車名ごとの比較も行ってみよ．

1.4 質的変数の要約

質的変数の場合の要約は，量的変数とは異なり値の出現頻度を数えることによってなされる．例えば，車名の場合，

F社	C社	A社	E社	B社	D社	合計
9	7	6	5	4	4	35

のようになる．名義尺度の場合は，頻度の降順で並べ替えておくことにより，集計結果を効率的に理解できる．これを可視化するには，図 1.9 のような**棒グラフ**を作成するとよい．また，出現頻度を観測値の数で割った相対頻度をみる場合には，図 1.10 のような帯グラフを作成するとよい．

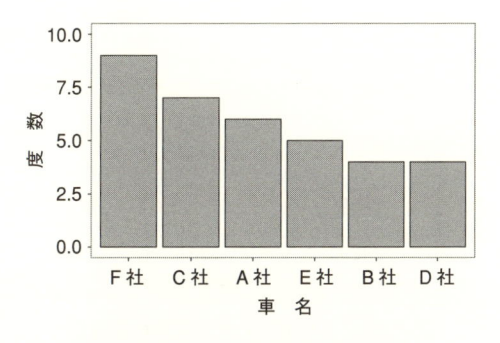

図 1.9 棒グラフ (車名の出現頻度)

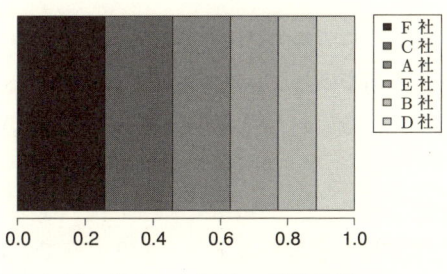

図 1.10 帯グラフ (車名の相対頻度)

1.5　2変量データの記述統計

これまでは，1つの変数に着目して，その観測値を数値で要約したり，可視化したりする方法について述べた．この節では，2つの量的変数間の関連性の有無を可視化によって探索したり，関連性の強さを指標で表したりする方法について説明する．

1.5.1　散　布　図

2つの量的変数 x, y の n 個の観測値 $(x_1, y_1), (x_2, y_2), \ldots, (x_n, y_n)$ を，座標平面上の点としてプロットしたものが**散布図** (scatter plot) である．図 1.11 は表 1.1 のデータにおける車両重量と総排気量の散布図である．車両重量が重くなるにつれて，総排気量も増える傾向にあることが見てとれる．

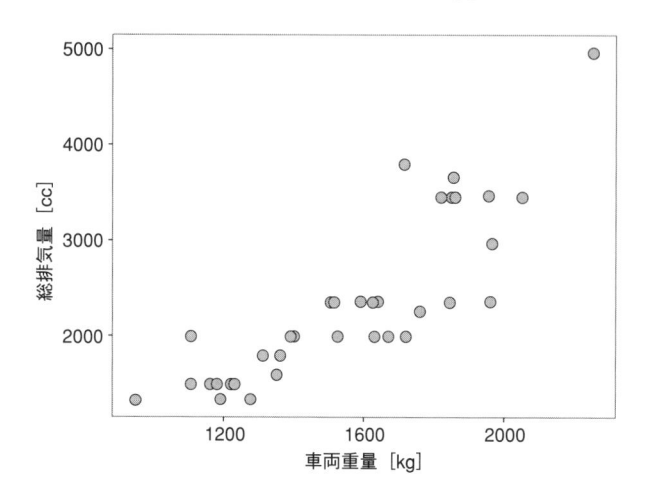

図 1.11　車両重量と総排気量の散布図

1.5.2　共　分　散

散布図により，2変数間の関連性を直観的に理解することができる．2変数の関連性の強さを数値で表したものが**共分散** (covariance) である．2つの量的変数 x, y の n 個の観測値 $(x_1, y_1), (x_2, y_2), \ldots, (x_n, y_n)$ の共分散 s_{xy} は

$$s_{xy} = \frac{1}{n} \sum_{i=1}^{n} (x_i - \bar{x})(y_i - \bar{y})$$

で定義される．散布図を $y = \bar{y}$ と $x = \bar{x}$ の2直線で4分割し，右上から反時計回りにそれぞれ第 I 象限，第 II 象限，第 III 象限，第 IV 象限とする．第 I 象

1.5 2変量データの記述統計

限に含まれる観測値については $x_i - \bar{x}$, $y_i - \bar{y}$ がいずれも正となるため，それらの積 $(x_i - \bar{x})(y_i - \bar{y})$ も正となる．同様の考え方で，第Ⅲ象限については $(x_i - \bar{x})(y_i - \bar{y}) > 0$，第Ⅱ, Ⅳ象限については $(x_i - \bar{x})(y_i - \bar{y}) < 0$ となる（図 1.12）．したがって，第Ⅰ, 第Ⅲ象限に含まれる観測値の数が多い場合，つまり散布図が右上がりの傾向を示す場合，共分散は正の値を示す．逆に第Ⅱ, 第Ⅳ象限に含まれる観測値の数が多い場合，つまり散布図が右下がりの傾向を示す場合，共分散は負の値を示す．第Ⅰ, 第Ⅲ象限と第Ⅱ, 第Ⅳ象限に含まれる観測値の数がおおよそ等しい場合，共分散は 0 に近い値を示す．つまり，共分散は「2 つの変数の直線的な関係の強さを示す指標」であるといえる．

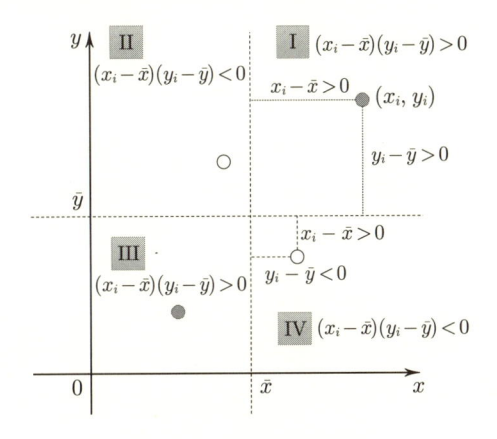

図 1.12 共分散の概念図

問 1.10 以下の式が成り立つことを示せ．

$$s_{xy} = \frac{1}{n} \sum_{i=1}^{n} x_i y_i - \bar{x}\bar{y} \tag{1.5}$$

例 1.8 表 1.1 のデータにおける車両重量 x と総排気量 y の共分散は，式 (1.5) を用いると

$$\bar{x} = 1558, \quad \bar{y} = 2347$$

であるから，

$$s_{xy} = \frac{1}{35}(1310 \cdot 1797 + 950 \cdot 1329 + \cdots + 1955 \cdot 3471) - 1558 \cdot 2347$$
$$= 230520$$

となる． □

1.5.3 相関係数

共分散は，異なるグループについて同じ2変数の直線的な関係の強さを比較する場合などには有効である[4]．しかし，共分散の値のみで直線的な関係の強さを判断することはできない．共分散を基準化して，直線的な関係の強さの指標としたものが**相関係数** (correlation coefficient) である．

2つの量的変数 x, y の n 個の観測値 $(x_1, y_1), (x_2, y_2), \ldots, (x_n, y_n)$ の相関係数 r は

$$r = \frac{s_{xy}}{s_x s_y} \tag{1.6}$$

で定義される．s_x, s_y はそれぞれ x, y の標準偏差である．相関係数は，

$$-1 \leqq r \leqq 1$$

を満たし，r が1に近いほど観測値は散布図上で右上がりの直線に近い傾向を示す．r が -1 に近いほど，右下がりの直線に近い傾向を示す．$r = \pm 1$ の場合，すべての観測値は直線上に並ぶ．r が0に近い場合は，共分散 s_{xy} が0に

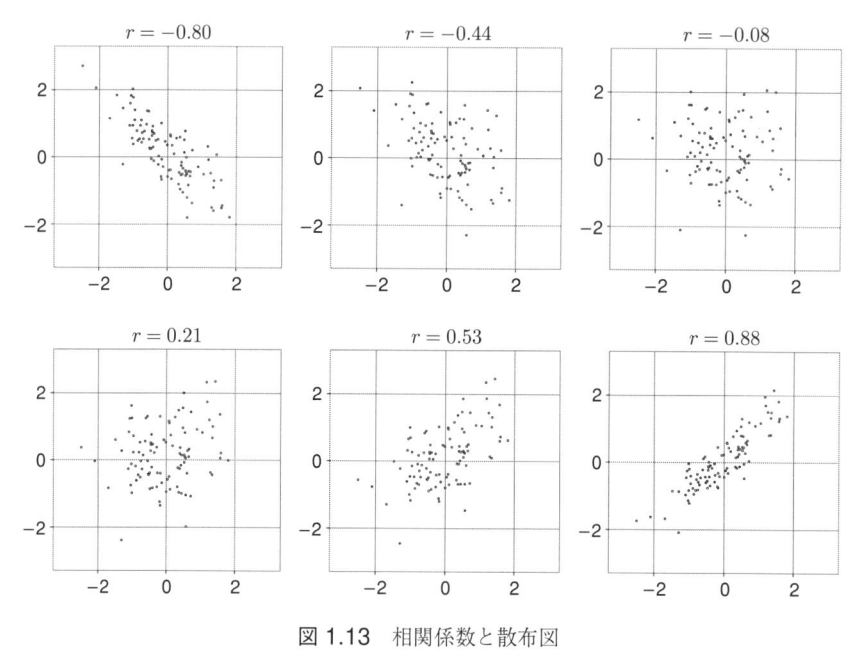

図 1.13 相関係数と散布図

---

4) 例えば，車両重量と総排気量の共分散を乗車定員が5人以下と6人以上のグループで比較するなど．

1.5 2変量データの記述統計

近い場合と同様である．図 1.13 は，いくつかの相関係数の値に対応する散布図を並べたものである．

例 1.9 表 1.1 のデータにおける車両重量 x と総排気量 y の標準偏差 s_x, s_y はそれぞれ

$$s_x = 314.6, \quad s_y = 861.7$$

であるから，例 1.8 の結果より，相関係数 r は

$$r = \frac{230520}{315 \cdot 862} = 0.85$$

となる． □

問 1.11 以下 2 つのデータに対して散布図を描き，相関係数を計算せよ．その結果から，相関係数は 2 変数間の直線的でない関連性の強さを示すために利用することはできないことを確認せよ．

データ 1：

x	-3	-2	-1	0	1	2	3
y	9	4	1	0	1	4	9

データ 2：

x	-3	-2	-2	-1	-1	0
y	0	2.24	-2.24	2.83	-2.83	3
x	0	1	1	2	2	3
y	-3	2.83	-2.83	2.24	-2.24	0

1.5.4 回帰直線

2 つの変数 x, y に対して，x の値が y の値を左右すると考えられるとき，x を**独立変数** (independent variable) もしくは**説明変数**，y を**従属変数** (dependent variable) もしくは**被説明変数**とよぶ．x が原因，y が結果と考えてもよいだろう．表 1.1 のデータにおいては，車両重量が独立変数，総排気量や燃費値などが従属変数と考えられる．量的変数の場合，2 変数間に直線的な関係があれば，散布図に直線 $y = ax + b$ を当てはめて，x の各値に対する平均的な y の値を示すことができる．また，係数 a の値によって，x の変化量に対する平均的な y の値の変化量を知ることができる．では，この直線の係数 a, b はどのように決定すればよいだろうか．

もっともよく利用される手法は，直線と各観測値の y 方向のずれの大きさの 2 乗和 (**残差平方和**, residual sum of squares)

$$D = \sum_{i=1}^{n}(y_i - \widehat{y_i})^2 = \sum_{i=1}^{n}\{y_i - (ax_i + b)\}^2$$

を最小にするように係数 a と b の値を決める方法である (図 1.14). ここで $\widehat{y_i}$ は x_i に対する直線上の値であり,

$$\widehat{y_i} = ax_i + b$$

である. この方法を**最小二乗法** (least-squares method) という. D の最小化は, D を a, b でそれぞれ偏微分し, 0 とおいた連立方程式を解くことによって得られる. まず, D を b で偏微分すると,

$$\begin{aligned}\frac{\partial D}{\partial b} &= -2\sum_{i=1}^{n}(y_i - ax_i - b) \\ &= -2n(\bar{y} - a\bar{x} - b)\end{aligned}$$

であるから, $\partial D/\partial b = 0$ とすれば, $b = \bar{y} - a\bar{x}$ となる. これを D の式に代入すると,

$$D = \sum_{i=1}^{n}\{y_i - ax_i - (\bar{y} - a\bar{x})\}^2 = \sum_{i=1}^{n}\{(y_i - \bar{y}) - a(x_i - \bar{x})\}^2$$

となり, 次に D を a で偏微分すると,

$$\begin{aligned}\frac{\partial D}{\partial a} &= -2\sum_{i=1}^{n}(x_i - \bar{x})\{(y_i - \bar{y}) - a(x_i - \bar{x})\} \\ &= -2\left\{\sum_{i=1}^{n}(x_i - \bar{x})(y_i - \bar{y}) - a\sum_{i=1}^{n}(x_i - \bar{x})^2\right\} \\ &= -2n(s_{xy} - as_x)\end{aligned}$$

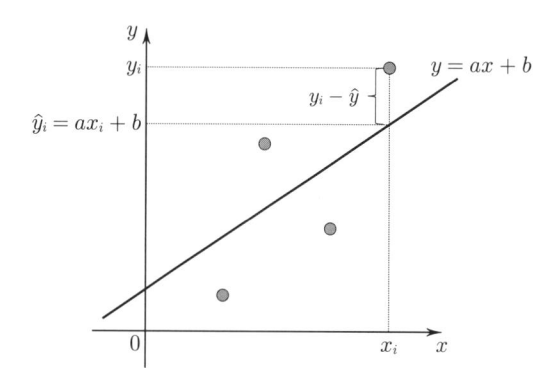

図 1.14 係数 a, b の決定方法

1.5 2変量データの記述統計

が得られる．$\partial D/\partial a = 0$ とすれば，

$$a = \frac{s_{xy}}{s_x^2}$$

となる．したがって，

$$b = \bar{y} - a\bar{x} = \bar{y} - \frac{s_{xy}}{s_x^2}\bar{x}$$

となる．これにより得られた直線 $y = ax+b$ を y の x への**回帰直線** (regression line) とよび，係数 a, b を**回帰係数** (regression coefficient) とよぶ．特に a を回帰直線の**傾き**，b を**切片**とよぶ．

例 1.10 表 1.1 のデータにおいて，総排気量 y の車両重量 x への回帰直線を求める．回帰直線の傾き a は

$$a = \frac{s_{sy}}{s_x^2} = \frac{230520}{314.6^2} = 2.329$$

であり，切片 b は

$$b = \bar{y} - a\bar{x} = 2346.7 - 2.329 \cdot 1558.0 = -1282$$

となる．したがって，回帰直線の式は

$$y = 2.329x - 1282$$

となる．これを散布図上に示すと図 1.15 のようになる．□

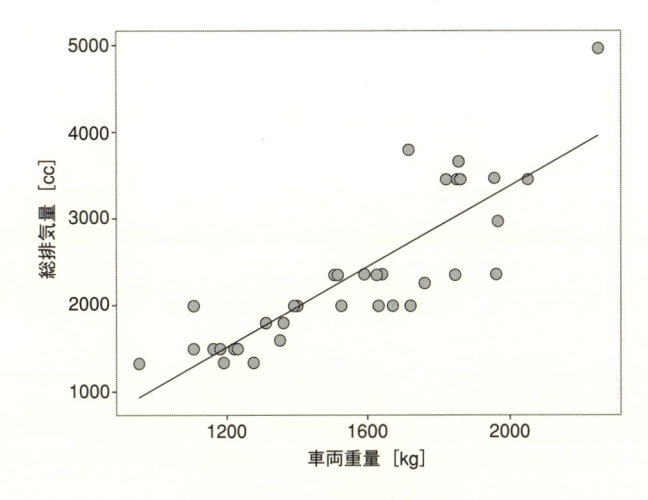

図 1.15 例 1.10 の回帰直線

問 1.12 最小二乗法で得られた回帰直線の傾き $a\,(= s_{xy}/s_x^2)$ について，

$$\frac{1}{n}D = \frac{1}{n}\sum_{i=1}^{n}\{(y_i - \bar{y}) - a(x_i - \bar{x})\}^2 = s_y^2(1 - r^2) \tag{1.7}$$

を示し，相関係数 r について $-1 \leqq r \leqq 1$ となることを確認せよ．

問 1.13 最小二乗法で得られた回帰直線による y の観測値 y_i の予測値を $\widehat{y_i} = ax_i + b$，観測値と予測値との差を $e_i = y_i - \widehat{y_i}$ とするとき，それぞれの平均値について

$$\bar{\widehat{y}} = \frac{1}{n}\sum_{i=1}^{n}\widehat{y_i} = \bar{y} \tag{1.8}$$

$$\bar{e} = \frac{1}{n}\sum_{i=1}^{n}e_i = 0 \tag{1.9}$$

となることを示せ．

決定係数

さて，予測値の分散について，式 (1.8) より，

$$\begin{aligned}\frac{1}{n}\sum_{i=1}^{n}(\widehat{y_i} - \bar{\widehat{y}})^2 &= \frac{1}{n}\sum_{i=1}^{n}(\widehat{y_i} - \bar{y})^2 \\ &= \frac{1}{n}\sum_{i=1}^{n}\{ax_i + b - (a\bar{x} + b)\}^2 \\ &= \frac{1}{n}\sum_{i=1}^{n}\{a(x_i - \bar{x})\}^2 \\ &= a^2 s_x^2 \\ &= \frac{s_{xy}^2}{s_x^2} = s_y^2 r^2 \end{aligned} \tag{1.10}$$

となるので，式 (1.7) より，

$$\frac{1}{n}\sum_{i=1}^{n}(y_i - \bar{y})^2 = \frac{1}{n}\sum_{i=1}^{n}(y_i - \widehat{y_i})^2 + \frac{1}{n}\sum_{i=1}^{n}(\widehat{y_i} - \bar{y})^2 \tag{1.11}$$

が成り立つ．つまり，上の式を n 倍したものについて，各項に現れる分散の n 倍を変動とよぶことにすると，

観測値の変動 = 残差の変動 + 予測値の変動

となることがわかり，観測値の変動が残差と予測値の変動に分解できると解釈できる．式 (1.11) の両辺を y の分散 s_y^2 で割ると

1.5 2変量データの記述統計

$$1 = \frac{\sum_{i=1}^{n}(y_i - \widehat{y_i})^2}{\sum_{i=1}^{n}(y_i - \bar{y})^2} + \frac{\sum_{i=1}^{n}(\widehat{y_i} - \bar{y})^2}{\sum_{i=1}^{n}(y_i - \bar{y})^2}$$

となる．右辺の第 2 項に現れる y の予測値の変動と観測値の変動の比

$$R^2 = \frac{\sum_{i=1}^{n}(\widehat{y_i} - \bar{y})^2}{\sum_{i=1}^{n}(y_i - \bar{y})^2}$$

を**決定係数** (determination coefficient) とよぶ．右辺の 2 項はいずれも非負であるから，$0 \leq R^2 \leq 1$ となる．$R^2 = 1$ のとき，残差平方和が 0 となり，y の予測値と観測値が一致する．つまり，散布図において，すべての観測値が回帰直線上に乗っている状態となる．これは逆も成り立つ．

決定係数は，回帰直線によって観測値の変動のどの程度が説明できるかを示す指標である．値が 1 に近いほど，回帰直線のデータへの当てはまりがよいと解釈できる．

ここで，式 (1.10) の両辺を y の分散 s_y^2 で割ることにより，

$$R^2 = r^2$$

が得られる．つまり，決定係数は相関係数の 2 乗に等しくなる[5]ことがわかる．

例 1.11 表 1.1 のデータにおいて，総排気量 y の車両重量 x への回帰直線は

$$y = 2.329x - 1282$$

であった．この回帰直線の決定係数 R^2 は

$$R^2 = r^2 = 0.85^2 = 0.72$$

となる． □

---

[5] 決定係数は，説明変数が複数個ある場合の重回帰分析の際にも用いられる．この性質は，説明変数が 1 つの場合の (単) 回帰分析で，回帰係数を最小二乗法により求めた場合のみに成立することに注意しよう．

演習問題

問1 華氏 [°F] で測定された，ある試料の温度が以下のように与えられている．

$$133.1,\ 145.2,\ 120.4,\ 166.0,\ 134.7$$

(1) 温度の平均と分散および標準偏差を求めよ．

(2) 華氏と摂氏 [°C] の関係は，華氏で測定された温度を F，摂氏で測定された温度を C とするとき，

$$C = \frac{5}{9}(F - 32)$$

で与えられる．温度の平均と分散および標準偏差を摂氏で求めよ．

問2 試験の結果を示すために用いられる**偏差値** (deviation value) は，i 番目の受験者の試験の得点 x_i に対して

$$d_i = 50 + 10\left(\frac{x_i - \bar{x}}{s}\right)$$

によって定義される．ただし，$\bar{x}, s$ はそれぞれ，n 人の受験者全体の平均点および標準偏差である．このとき，受験者全員の偏差値の平均および標準偏差を求めよ．

問3 ある工場で製造される製品 300 個を抜き取り調査によってその重量を計測したところ，平均値が 280.0 g，標準偏差が 20.0 g であった．ところが後日，そのうちの 2 個については明らかな不良品であり，調査対象とすべきでないことが判明した．それらの重さは，それぞれ 100.0 g，90.0 g であった．これらを除外した場合の平均値および標準偏差を求めよ．

問4 以下の度数分布表は，25 歳の男性 100 名の身長のデータから作成されたものである．以下の問いに答えよ．

階級 [cm]	155〜	160〜	165〜	170〜	175〜	180〜	185〜
度　数	1	9	18	34	28	8	2

(1) ヒストグラムを作成せよ．
(2) 平均値および標準偏差の近似値を求めよ．
(3) 第 1, 2, 3 四分位点はそれぞれ，どの階級に含まれると考えられるか．
(4) 上で求めた四分位点が含まれる階級の階級値を四分位点とみなして箱ひげ図を描け．

問5 表 1.1 の燃費性能データについて，以下の問いに答えよ．

(1) 車両重量を x，燃費値を y とした場合の散布図を描け．
(2) y に対する x の回帰直線 $y = ax + b$ を求め，散布図上に示せ．

1.5 2変量データの記述統計

(3) x と y の相関係数および決定係数を求めよ.

(4) 散布図上の点のうち，ハイブリッド車 (ハイブリッドが 1 となっているもの) に該当する点を ×印で示せ.

(5) ハイブリッド車を除外した場合の回帰直線を求め，散布図上に示せ.

(6) ハイブリッド車を除外した場合の相関係数および決定係数を求めよ.

(7) ハイブリッド車のみの回帰直線を求め，車両重量が 1400 kg であるハイブリッド車の燃費値を見積もれ.

問 6 以下の表は，ある都市で実施されているレンタルサイクル事業の利用者数を月ごとに集計し，平均気温とともに示したものである.

月	1	2	3	4	5	6
平均気温 [°C]	9.6	12.0	15.3	18.3	22.7	25.5
貸出台数 [台]	2176	2655	3692	4485	5350	5892
月	7	8	9	10	11	12
平均気温 [°C]	28.2	26.0	23.2	18.9	14.7	13.0
貸出台数 [台]	6021	5998	5767	5199	4247	3404

(1) 平均気温を x，貸出台数を y とした場合の散布図を描け.

(2) y に対する x の回帰直線 $y = ax + b$ を求め，散布図上に示せ.

(3) x と y の相関係数および決定係数を求めよ.

(4) 平均気温が 13.4°C である月の貸出台数は何台になると予想されるか.

2
確率の基礎

2.1 確率の考え方

サイコロを振って偶数の目が出る確率は $\frac{1}{2}$ である．この背後には，$1, 2, \ldots, 6$ の目が出る割合はどれも等しいということと，偶数の目は $2, 4, 6$ の3つの場合であるという暗黙の仮定に従っている考え，確率を $\frac{3}{6} = \frac{1}{2}$ と考えるからである．この確率は，古典的な確率論をまとめたラプラスの考え方によるもので，**数学的確率**といい，その考え方は「演繹論」とよばれる．

一方，実際のサイコロを何度も何度も振っていき，それまでに投げた回数 n に対して偶数の目が出た回数 r の割合 $\frac{r}{n}$ を観測すると，公正なサイコロであればそれは $\frac{1}{2}$ に近づくであろう．これは統計的な観測値を土台にしており，**経験的確率**あるいは**統計的確率**とよばれる．その考え方は「頻度論」とよばれる．

さらに，実際に精密に観測したわけではないがこれくらいと実感しているとか，自分はこうなっていると信じて確率を与える方法もある．この確率を**主観的確率**といい，その考え方は「経験論」とよばれる．

これに対して，コルモゴロフは確率を「公理論的」に定義している．それは，偶数の目というような，ものごとが起こりうることがら (これを「事象」という) を集合と考え，各集合に対して 0 から 1 までの数値を，必ず起こる事象に対しては数値 1 を与え，集合とその数値との関係を数学的に矛盾なく示そうとしたものである．このコルモゴロフの公理は 2.3 節で示される．

この事象とこの事象は同時に起こるとか，この事象とこの事象はどちらか一方だけしか起こらないとか，事象と事象を関係づけてその確率を考えるとき，事象の間の演算を考える必要が生じる．事象は集合に対して考えられるので，これは集合間の演算と考えることができる．有限の事象であればこの演算は深

く考えなくても問題なく進められるが，事象が無限になってくると，演算した結果の集合には矛盾なく確率が定義できているのかということを確認しなければならなくなる．つまり，集合間の演算が論理的に定義された土俵のうえでないと議論を進められないことに注意しよう．

2.2　事象と集合族

　サイコロを振るという行為は，同一条件下で繰り返し行うことのできる実験もしくは観測である．このような実験を**試行** (trial) という．試行の結果，起こりうることがらのことを**事象** (event) という．サイコロの場合，「偶数が出る」「3以上の目が出る」などは事象である．事象のうち，それ以上分割できないような事象を**根元事象** (elementary event) とよぶ．「1の目が出る」「6の目が出る」などは根元事象である．根元事象全体の集合を**標本空間** (sample space) といい，Ω で表す．サイコロの場合，

$$\Omega = \{1, 2, 3, 4, 5, 6\}$$

と表現できる．この標本空間の部分集合を事象と定義することができる．例えば，「偶数が出る」という事象 A は，

$$A = \{2, 4, 6\} \subset \Omega$$

と表現できる．

　事象 A, B の少なくとも一方が起こるという事象は**和事象**とよばれる．これは，標本空間の部分集合の和集合に対応し，$A \cup B$ で表される．また，A, B の両方が起こるという事象は**積事象**とよばれる．これは，標本空間の部分集合の積集合に対応し，$A \cap B$ で表される．A と B が同時に起こることはないとき，A と B は**排反事象**であるという．標本空間に対する A の補集合 A^C を A の**余事象**とよぶ．A^C と A は排反事象になっている．

　根元事象の数が有限個 N の場合，可能な事象の総数は 2^N 個になる．ただし，何も起こらないという事象 (**空事象** (empty event) といい，$\emptyset$ で表す) と，すべてが起こるという事象 (**全事象** (total event) といい，Ω になる) が含まれている．一方，根元事象の数が無限個になるときは，部分集合の集まり (**部分集合族**といい，$\mathfrak{F}$ (ドイツ文字F) で表す) を各部分集合に対して確率が矛盾なく

求められるようにあらかじめ定義しておく必要がある．このために，集合の演算に関するある条件を満たす部分集合族として σ 集合体が考え出されている．

定義 2.1 Ω の部分集合族 $\mathfrak{F}$ が以下の性質を満たすとき，$\mathfrak{F}$ を Ω 上の σ 集合体 (σ-field) とよぶ．
(1) $\Omega \in \mathfrak{F}$
(2) $A \in \mathfrak{F} \Longrightarrow A^C \in \mathfrak{F}$
(3) $A_1, A_2, \ldots, A_n, \ldots \in \mathfrak{F} \Longrightarrow \bigcup_{i=1}^{\infty} A_i \in \mathfrak{F}$

σ 集合体は，集合演算の結果としてできる集合が，定義された集合族に確実に含まれているような最小の集合族であると思えばよい．Ω と $\mathfrak{F}$ の組 $(\Omega, \mathfrak{F})$ を**可測空間** (measurable space) とよぶ．

標本空間 Ω が実数空間 $\mathbf{R}$ の場合，$\mathbf{R}$ の中のすべての半開区間 $(a, b]$ を含む最小の σ 集合族 $\mathfrak{F}$ を考えるとき，これを**ボレル集合族** (Borel algebra) $\mathfrak{B}$ (ドイツ文字 B) とよぶ．σ 集合体の定義から，$\mathfrak{B}$ は，すべての区間を含む最小の σ 集合族であることがわかる．

2.3 確率の公理と確率空間

標本空間に含まれる根元事象の数が有限であるとき，各根元事象 $\{\omega_i\}$ ($i = 1, 2, \ldots, N$) には，

$$0 \leqq P(\{\omega_i\}) \leqq 1 \quad \text{で} \quad \sum_{i=1}^{N} P(\{\omega_i\}) = 1$$

を満たすような出現確率 $P(\{\omega_i\})$ を定義できて，事象 $E = \{\omega_{k_1}, \omega_{k_2}, \ldots, \omega_{k_n}\}$ に対しては，

$$P(E) = \sum_{i=1}^{n} P(\{\omega_{k_i}\})$$

と考えるのが自然であろう．

コルモゴロフは，根元事象が無限個の場合でもこのような概念が適用できるように，事象に対して 0 から 1 までの数値を与える確率を以下のような公理によって示した．

定義 2.2 (コルモゴロフの公理 (Kolmogorov's axioms))
標本空間 Ω と σ 集合族 $\mathfrak{F}$ が与えられたとき，可測空間 $(\Omega, \mathfrak{F})$ 上の**確率** (probability) とは，以下を満たす $\mathfrak{F}$ 上の関数 $P : \mathfrak{F} \to \mathbf{R}$ のことである．
(1) 事象 $A \in \mathfrak{F}$ に対して，$0 \leq P(A) \leq 1$
(2) 全事象 Ω に対して，$P(\Omega) = 1$
(3) 可算個の事象 $A_i \in \mathfrak{F}\,(i = 1, 2, \ldots)$ に対して，
$$A_i \cap A_j = \emptyset\,(i \neq j) \implies P\left(\bigcup_{i=1}^{\infty} A_i\right) = \sum_{i=1}^{\infty} P(A_i)$$

この Ω 上の σ 集合族に対してコルモゴロフの公理に対応した実数値関数 P を考えるとき，これを**確率測度** (probability measure) とよぶ[1]．標本空間 Ω，Ω 上の σ 集合族 $\mathfrak{F}$，確率測度 P の 3 つを合わせた組 $(\Omega, \mathfrak{F}, P)$ を**確率空間** (probability space) とよぶ．

2.4 事象の独立性

事象 A が起こる確率は事象 B の生起に無関係であるときに，2 つの事象 A と B は互いに**独立**であるという．このことは，B が起こったという条件下で A が起こるという条件付き確率 ($P(A|B)$ と書く) と A が起こる確率 $P(A)$ が等しいということ，つまり
$$P(A|B) = P(A)$$
が成立することである．

B が起こったという条件下で A が起こるという**条件付き確率** (conditional probability) $P(A|B)$ は，$P(B) > 0$ のとき，
$$P(A|B) = \frac{P(A \cap B)}{P(B)}$$
で定義される．したがって，事象 A と B が互いに独立であるとき，
$$P(A \cap B) = P(A|B)P(B) = P(A)P(B)$$

---
[1] 「測度」という言葉には，無限を扱うときの可算個の集合や実数値の集合を同時に合理的に取り扱いたいという背景がある．

が成立する．この書き方ならば $P(B) = 0$ であっても定義できるので，独立の定義としてはこちらのほうが適切であろう．今後はこの定式化を出発点とする．なお，$P(A \cap B) = P(AB)$ と書くことも多い．

例 2.1 ある小学校には 1 学年に男子，女子それぞれ 25 人ずつ在籍しており，2 学年も同様の人数となっている．1, 2 学年全体から任意に 1 名を選んだとき，1 学年の児童が選ばれる事象を A，女子児童が選ばれる事象を B とする．このとき，1 学年の女子児童が選ばれる確率は，

$$P(A \cap B) = \frac{25}{100} = 0.25$$

となる．一方，

$$P(A)P(B) = \frac{50}{100} \cdot \frac{50}{100} = 0.25$$

となるから，事象 A と B は互いに独立である． □

ここまでは，2 つの事象に対する独立性について考えてきたが，3 つ以上の事象に対する独立性についても考えることができる．

定義 2.3 (事象の独立性) 確率空間 $(\Omega, \mathfrak{F}, P)$ における事象 $\{E_1, E_2, \ldots, E_n\} \in \mathfrak{F}$ が，任意の異なる $i_1, i_2, \ldots, i_k$ $(2 \leqq k \leqq n; 1 \leqq i_j \leqq n)$ に対して

$$P\left(\bigcap_{j=1}^{k} E_{i_j}\right) = \prod_{j=1}^{k} P(E_{i_j})$$

を満たすとき，事象 $E_1, E_2, \ldots, E_n$ は**互いに独立**であるという．

例 2.2 コインを 2 回投げる．事象 A を 1 回目に表が出る，事象 B を 2 回目に表が出る，事象 C を 2 回のうちどちらかは表で，もう一方は裏が出るとする．

$$P(A) = P(B) = P(C) = \frac{1}{2},$$
$$P(A \cap B) = P(B \cap C) = P(C \cap A) = \frac{1}{4} = \left(\frac{1}{2}\right)^2$$

であるが，

$$P(A \cap B \cap C) = 0 \neq P(A) \cdot P(B) \cdot P(C)$$

である． □

2.5 ベイズの法則

標本空間 Ω 内での条件付き確率を異なった視点から考えると，応用分野において多く利用されているベイズの法則が導かれる．

定理 2.1 (ベイズの法則 (Bayes' theorem)) 確率空間 $(\Omega, \mathfrak{F}, P)$ において，$\Omega = \bigcup_{i=1}^{\infty} B_i, B_i \cap B_j = \emptyset \, (i \neq j), P(B_i) > 0$ を満たす $B_i \in \mathfrak{F}$ と，$P(A) > 0$ を満たす $A \in \mathfrak{F}$ に対して，次が成り立つ．

$$P(B_i|A) = \frac{P(B_i)P(A|B_i)}{\sum_{j=1}^{\infty} P(B_j)P(A|B_j)} \qquad (2.1)$$

【証明】 条件付き確率の定義から

$$P(B_i|A) = \frac{P(B_i \cap A)}{P(A)} = \frac{P(B_i)P(A|B_i)}{P(A)}$$

となる．一方，分母については，$P(A) = \bigcup_{j=1}^{\infty}(A \cap B_j)$ と書け，$i \neq j$ に対して $(A \cap B_i) \cap (A \cap B_j) = \emptyset$ であるから，

$$P(A) = \sum_{j=1}^{\infty} P(A \cap B_j) = \sum_{j=1}^{\infty} P(B_j)P(A|B_j)$$

となる． ∎

この定理において，B_i を原因，A を結果と考えると，原因 B_i が起こって，結果 A が生じる確率は $P(A|B_i)$ で表される．ベイズの法則は，これを逆に表そうというものである．式 (2.1) をみると，右辺は原因が起こって結果がでてくる順方向の確率となっているが，左辺は結果がわかっているときに原因を推測するような逆方向の確率になっていることがわかる．ベイズの法則は，「結果から原因を探る」方法ともいえる．$P(B_i)$ は**事前確率** (prior probability)，$P(A|B_i)$ は**事後確率** (posterior probability) とよばれる．

例 2.3 マンモグラフィーを使った乳ガンの検査が一般的に行われている．この検査装置は，乳ガンに罹っている人が検査を受けた場合に陽性という正しい結果をだす確率は 90 %，乳ガンに罹っていない人が検査を受けた場合に陽性という誤った結果をだす確率は 10 % であることがわかっている．検査の結果

が陽性であった場合に，本当に乳ガンに罹っている確率はいくらか．ただし，乳ガンに罹っている女性の割合は1％であることがわかっているとする．

【解】 適当に選んだ1人が陽性であるという事象を A^+，乳ガンであるという事象を D とする．条件から，$P(A^+|D) = 0.9$，$P(A^+|D^C) = 0.1$，$P(D) = 0.01$ である．検査結果が陽性であった場合に，本当に乳ガンに罹っている確率は，ベイズの法則より

$$P(D|A^+) = \frac{P(A^+|D)P(D)}{P(A^+|D)P(D) + P(A^+|D^C)P(D^C)}$$
$$= \frac{0.9 \cdot 0.01}{0.9 \cdot 0.01 + 0.1 \cdot 0.99} = 0.083 \qquad \square$$

ベイズの法則の式に確率を入れても実感としてなかなかわかりにくいが，具体的な人数を想定して考えると理解しやすい．例えば，1000人中10人は乳ガンに罹っていると考えられる．この10人のうち9人はマンモグラフィーで陽性とでるだろう．陰性とでた990人の中の99人はマンモグラフィーで誤って陽性とでている．実際にマンモグラフィーで陽性とでて，乳ガンであるのは108人中9人とすぐにわかる．つまり，本当に乳ガンに罹っている確率は約8％ということになる．

2.6 確率変数

コイン投げをした場合の結果「表」「裏」のように，標本空間中の根元事象 ω は必ずしも数値で示されるとは限らない．そこで，ω に実数値を対応させる関数 $X(\omega)$ を考えると，数学的な演算を行うことが容易になり，取り扱いやすい．この $X(\omega)$ を**確率変数** (random variable: r.v.) とよぶ．例えば，表を1，裏を0に対応させるとすれば，

$$X(\{\,表\,\}) = 1, \quad X(\{\,裏\,\}) = 0$$

のように表現できる．通常 $X(\omega)$ の ω を省略して X と書くことが多い．ω がある範囲を動くと，この X もある範囲の実数値をとる．逆に X がある範囲内の実数値であれば，それに対応する事象の確率を定めることができる．

以下に，確率変数の定義を与える．

2.6 確率変数

定義 2.4 (確率変数) 確率空間を $(\Omega, \mathfrak{F}, P)$ とする．Ω 上で定義された実数値をとる関数 $X : \Omega \to \mathbf{R}$ が，すべての実数 $x \in \mathbf{R}$ に対して

$$\{\omega : X(\omega) \leqq x\} \in \mathfrak{F}$$

を満たすとき，X を**確率変数**とよぶ．

任意のボレル集合 $B \in \mathfrak{B}$ に対して，$\{\omega : X(\omega) \in B\} \in \mathfrak{F}$ が成り立つことは，X が確率変数であるための必要十分条件であることが導ける．いい換えると，確率変数とは，$\mathbf{R}$ から Ω への逆写像 $X^{-1}(B)$ が，任意の $B \in \mathfrak{B}$ について定義できる関数のことである．

確率変数は実数値をとるから，その逆写像によりもとの事象にもどってから確率を考えるよりも，直接，確率を与えたほうが便利である．そのために，以下のような確率分布関数を考える．

定義 2.5 (確率分布関数) X を確率空間 $(\Omega, \mathfrak{F}, P)$ 上の確率変数とする．任意の実数値 x に対して，

$$F(x) = P(X \leqq x) = P\{\omega : X(\omega) \leqq x\}$$

で定義される関数 $F : \mathbf{R} \to \mathbf{R}$ を**確率分布関数** (Cumulative Distribution Function: CDF) とよぶ．

標本空間，確率空間，確率変数についての関係を図 2.1 に示す．

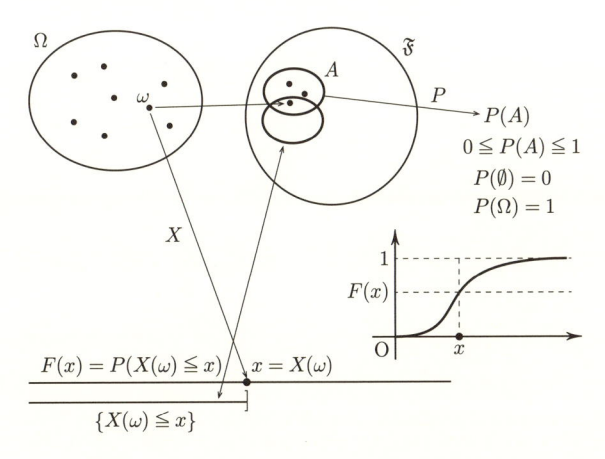

図 2.1 標本空間，確率空間，確率変数の関係

定理 2.2 確率分布関数 F について，以下の性質が成り立つ．

(1) 任意の実数 a, b $(a < b)$ に対して，
$$P(a < X \leq b) = F(b) - F(a)$$

(2) F は単調非減少関数で，右連続である．

(3) $\lim_{x \to \infty} F(x) = 1, \quad \lim_{x \to -\infty} F(x) = 0$

【証明】 略． ∎

定義 2.6 確率空間 $(\Omega, \mathfrak{F}, P)$ 上の確率変数 X に対して，$P(X \in E) = 1$ となる可算集合 $E \subset \mathbf{R}$ が存在するとき，X は**離散型確率変数**とよばれる．

直観的には，X が「とびとびの値」をとり，それぞれの値が生じる確率の和が 1 となるときに，X は離散型確率変数とよばれると考えればよい．ここで，可算集合[2] E を $E = \{x_1, x_2, \ldots, x_n, \ldots\}$，$X$ を離散型確率変数とするとき，

$$f(x) = \begin{cases} P(X = x), & x \in E \\ 0, & x \notin E \end{cases}$$

を**確率関数** (probability function) とよぶ．確率関数と確率分布関数のあいだには，以下の関係が成立する．

$$F(x) = \sum_{x_i \leq x} f(x_i) \tag{2.2}$$

$$f(x) = F(x+) - F(x-) \tag{2.3}$$

ただし，$F(x+) = \lim_{n \to \infty} F\left(x + \dfrac{1}{n}\right)$, $F(x-) = \lim_{n \to \infty} F\left(x - \dfrac{1}{n}\right)$ である．また，確率関数について $\sum_{i=1}^{\infty} f(x_i) = 1$ が成り立つ．

例 2.4 コインを投げて，表が出たことを H，裏が出たことを T と表すとする．コインを 2 回投げた場合のすべての可能な結果は

$$\Omega = \{HH, HT, TH, TT\} = \{\omega_1, \omega_2, \omega_3, \omega_4\}$$

---

[2] 「可算集合」とは，自然数 N と濃度が等しい集合のことである．N と "濃度が等しい" とは，集合 E と自然数全体の集合 N との間に全単射が存在することをいう．

2.6 確率変数

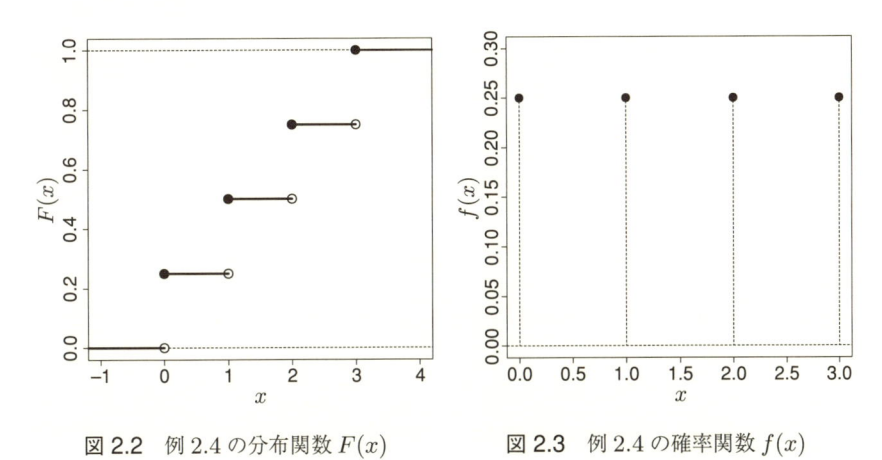

図 2.2　例 2.4 の分布関数 $F(x)$

図 2.3　例 2.4 の確率関数 $f(x)$

となる．このとき，確率変数 X を

$$X(\omega_1) = 0,\ X(\omega_2) = 1,\ X(\omega_3) = 2,\ X(\omega_4) = 3$$

と定義する．根元事象の起こり方は同様に確からしいと考えると，分布関数 $F(x)$ は

$$F(x) = \begin{cases} 0, & -\infty < x < 0 \\ \frac{1}{4}, & 0 \leqq x < 1 \\ \frac{1}{2}, & 1 \leqq x < 2 \\ \frac{3}{4}, & 2 \leqq x < 3 \\ 1, & 3 \leqq x < \infty \end{cases}$$

となる．また，確率関数 $f(x)$ は，

$$f(x) = \begin{cases} \frac{1}{4}, & x = 0, 1, 2, 3 \\ 0, & \text{その他} \end{cases}$$

となる．それぞれの関数のグラフを図 2.2，図 2.3 に示す．　□

次に，確率変数 X が連続な場合についてみてみよう．

定義 2.7　確率空間 $(\Omega, \mathfrak{F}, P)$ 上の確率変数 X において，任意のボレル集合 B に含まれる確率 P が，非負の実数値関数 $f(x)$ を用いて

$$P(X \in B) = \int_B f(x)\, dx$$

と表されるとき，X を**連続型確率変数**とよぶ．また，$f(x)$ を**確率密度関数 (probability density function: p.d.f)** とよぶ．

X が連続型確率変数であるとき，X の分布関数と確率密度関数のあいだには
$$F(x) = P(X \in (-\infty, x]) = \int_{-\infty}^{x} f(t)\,dt$$
の関係が成立する．また，$f(x)$ の連続点 $x \in \mathbf{R}$ に対して，微分積分学の基本定理から
$$\frac{dF(x)}{dx} = f(x)$$
が成り立つ．さらに，定理 2.2 (1) より，任意の実数 a, b $(a < b)$ に対して
$$\begin{aligned} P(a < X \leqq b) &= F(b) - F(a) \\ &= \int_{-\infty}^{b} f(x)\,dx - \int_{-\infty}^{a} f(x)\,dx \\ &= \int_{a}^{b} f(x)\,dx \end{aligned} \quad (2.4)$$
が成り立つ．また，定理 2.2 (3) から，
$$F(+\infty) = \int_{-\infty}^{+\infty} f(x)\,dx = 1$$
である．式 (2.4) を満たす関数 $f(x)$ は確率密度関数となるので，$f(x)$ は x 付近での起こりやすさの程度を示す値だと考えればよい．

例 2.5 半径 1 の円の中にランダムに発生する点 P と原点 O の (ユークリッド) 距離を R で表すと R は確率変数となる．R の分布関数を $F_R(r)$ とすると，$0 \leqq r \leqq 1$ に対して
$$F_R(r) = P(R \leqq r) = \frac{\pi r^2}{\pi} = r^2$$
と定義できる (図 2.4)．このとき，確率密度関数 $f_R(r)$ は
$$f_R(r) = \frac{dF_R(r)}{dr} = 2r \quad (0 \leqq r \leqq 1)$$
となる (図 2.5)． □

図 2.4 例 2.5 の分布関数 $F(x)$

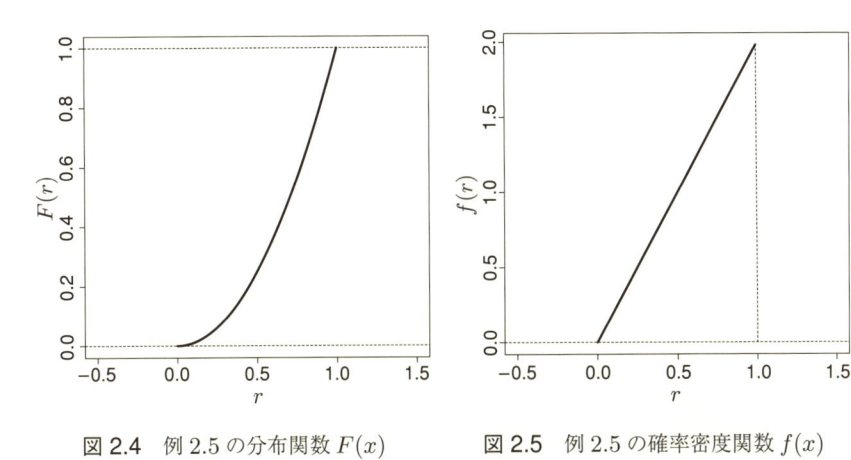

図 2.5 例 2.5 の確率密度関数 $f(x)$

2.7 期待値と分散

ある確率分布に従う確率変数を特徴づける基本的な指標として，**期待値**と分散がある．確率分布をある母集団のモデルと考えるとき，その母集団から抽出された標本における平均と分散と対応する指標でもある．その意味で，期待値を平均とよぶこともある．

定義 2.8 確率変数 X が離散型確率変数で，その確率関数を $f(x)$ とするとき

$$E[X] = \sum_i x_i f(x_i)$$

を，X が連続型確率変数で，その確率密度関数を $f(x)$ とするとき

$$E[X] = \int_{-\infty}^{\infty} x f(x)\,dx$$

を X の**期待値** (expectation) もしくは**平均** (mean) とよぶ．

また，X の関数 $\varphi(X)$ に対して，X が離散型の場合

$$E[\varphi(X)] = \sum_i \varphi(x_i) f(x_i)$$

を，X が連続型の場合

$$E[\varphi(X)] = \int_{-\infty}^{\infty} \varphi(x) f(x)\,dx$$

を $\varphi(X)$ の**期待値**とよぶ．

定理 2.3 確率変数 X の期待値について，c を定数，$\varphi(X), \psi(X)$ を X の関数とするとき，以下の性質が成り立つ．

$$E[c] = c \tag{2.5}$$

$$E[cX] = c\,E[X] \tag{2.6}$$

$$E[c\,\varphi(X)] = c\,E[\varphi(X)] \tag{2.7}$$

$$E[\varphi(X) + \psi(X)] = E[\varphi(X)] + E[\psi(X)] \tag{2.8}$$

【証明】 期待値の定義から X が連続型，離散型の場合に，それぞれ示すことができる．練習問題とする． ∎

問 2.1 上の定理 3.3 の各性質を確認せよ．

期待値 $E[X]$ を，μ の記号を用いて表すことも多い．

次に，分散の定義を与える．

定義 2.9 確率変数 X が離散型確率変数で，その確率関数を $f(x)$ とするとき
$$\mathrm{Var}[X] = \sum_i (x_i - \mu)^2 f(x_i)$$
を，また，X が連続型確率変数で，その確率密度関数を $f(x)$ とするとき
$$\mathrm{Var}[X] = \int_{-\infty}^{\infty} (x - \mu)^2 f(x)\,dx$$
を X の**分散** (variance) とよぶ．また，分散の平方根 $\sqrt{\mathrm{Var}[X]}$ を X の**標準偏差** (standard deviation) とよぶ．

分散 $\mathrm{Var}[X]$ を σ^2 の記号を用いて表すことも多い．X の従う確率分布を母集団のモデルと考えるとき，そのことを強調して，「平均」「分散」「標準偏差」をそれぞれ「母平均」「母分散」「母標準偏差」とよぶこともある．また，X の関数の期待値の形式で，分散を

$$\mathrm{Var}[X] = E[(X - \mu)^2]$$

と定義することもできる．

2.7 期待値と分散

定理 2.4 確率変数 X の分散 $\mathrm{Var}[X]$ について，X の期待値を μ とするとき，
$$\mathrm{Var}[X] = E[X^2] - \mu^2$$
が成り立つ．

【証明】
$$\begin{aligned}
\mathrm{Var}[X] &= E[(X-\mu)^2] \\
&= E[X^2 - 2\mu X + \mu^2] \\
&= E[X^2] - \mu^2
\end{aligned}$$
■

例 2.6 確率変数 X の確率密度関数が
$$f(x) = 2x\exp(-x^2) \quad (x \geq 0)$$
で与えられているとする．このとき，X の期待値と分散を求めなさい．

【解】 部分積分により，
$$\begin{aligned}
E[X] &= \int_0^\infty x \cdot 2x \exp(-x^2)\,dx \\
&= \int_0^\infty (-x)\left(\exp(-x^2)\right)'\,dx \\
&= \left[-x\exp(-x^2)\right]_0^\infty - \int_0^\infty (-1)\exp(-x^2)\,dx
\end{aligned}$$
ここで，第 1 項はロピタルの定理を用いると 0 となることがわかる．また，
$$\int_0^\infty \exp(-x^2)\,dx = \frac{\sqrt{\pi}}{2}$$
であるから，
$$E[X] = \frac{\sqrt{\pi}}{2}$$
となる．

次に，$E[X^2]$ についても部分積分により，
$$\begin{aligned}
E[X^2] &= \int_0^\infty x^2 \cdot 2x \exp(-x^2)\,dx \\
&= \int_0^\infty (-x^2)\left(\exp(-x^2)\right)'\,dx \\
&= \left[-x^2\exp(-x^2)\right]_0^\infty + \int_0^\infty 2x\exp(-x^2)\,dx
\end{aligned}$$

となる．第1項はロピタルの定理から0となり，第2項は置換積分により1となることがわかる．したがって，定理2.4より，

$$\mathrm{Var}[X] = E[X^2] - \mu^2 = 1 - \frac{\pi}{4}$$

となる． □

2.8 パーセント点

確率変数の動く範囲の確率を表すときに，次に示すパーセント点を使うと便利なことが多い．後述の推定や検定において多く用いられる．

定義 2.10 連続型確率変数 X に対応する確率分布関数を $F(x)$ とするとき，$0 \leqq p \leqq 1$ の実数値に対して

$$r_p = F^{-1}(p)$$

となるような点を確率変数 X の $100p$ パーセント点 (percentile point) とよぶ．

例 2.7 例 2.5 における確率変数 R について，確率分布関数は

$$F(r) = r^2$$

であるから，$0 \leqq p \leqq 1$ に対して，$100p$ パーセント点は

$$r_p = F^{-1}(p) = \sqrt{p}$$

となる．したがって，R の 25, 50, 75 パーセント点はそれぞれ，

$$r_{0.25} = \sqrt{0.25} = 0.5$$
$$r_{0.5} = \sqrt{0.5} = 0.71$$
$$r_{0.75} = \sqrt{0.75} = 0.87$$

となる． □

2.9 確率変数の独立性

事象の独立と同様に，確率変数の独立性を考えることができる．

定義 2.11 確率変数 X と確率変数 Y が**独立** (independent) であるとは，
$$P(X \in A, Y \in B) = P(X \in A) \cdot P(Y \in B)$$
が成り立つときをいう．ただし，A と B はボレル集合である．

これにより，確率変数のベクトル (X, Y) を考えたとき，(X, Y) に関する同時の分布関数 $F_{X,Y}(x, y)$ は，自然に，
$$F_{X,Y}(x, y) = P(X \leqq x, Y \leqq y)$$
と考えることができるので，X と Y が独立であれば，
$$F_{X,Y}(x, y) = F_X(x) \cdot F_Y(y)$$
になることがわかる．

分布関数の密度関数が存在するとき，X と Y が独立であれば，
$$f_{X,Y}(x, y) = f_X(x) \cdot f_Y(y)$$
である．

例 2.8 例 2.5 と同じように，半径 1 の円で原点からの距離 R の確率変数を考える．また，確率変数 H を
$$P(H \leqq h) = \pi h \quad \left(0 \leqq h \leqq \frac{1}{\pi}\right)$$
で定義するとき，$P(R \leqq r) \cdot P(H \leqq h) = P(R \leqq r, H \leqq h)$ となるので，R と H は独立である．

次に，底面の半径が 1，高さが $\dfrac{3}{\pi}$ の円錐内にランダムに発生する点を考える．また，円錐の頂点から底面に向かう長さの確率変数を H とする．このとき，
$$P(H \leqq h) = \left(\frac{\pi}{3}\right)^3 h^3 \quad \left(0 \leqq h \leqq \frac{3}{\pi}\right),$$
$$P(R \leqq r) = r^2(3 - 2r) \quad (0 \leqq r \leqq 1)$$
となる．一方，

$$P(R \leqq r, H \leqq h) = \begin{cases} r^2(\pi h - 2r), & 0 \leqq r \leqq \dfrac{\pi}{3}h \\ \left(\dfrac{\pi}{3}\right)^3 h^3, & \dfrac{\pi}{3}h \leqq r \leqq 1 \end{cases}$$

であり，$P(R \leqq r, H \leqq h) \neq P(R \leqq r, H \leqq h)$ となるので，R と H は独立でない. □

2.10 相関係数

確率変数 X と確率変数 Y が独立でないとき，片方の確率変数はもう一方の確率変数の動きに影響を与える．この「影響の度合いを表す指標」が相関係数である．相関係数 $\rho(X,Y)$ は次のように定義される．

定義 2.12 2つの確率変数 X, Y に対して，

$$\rho(X,Y) = \frac{\mathrm{Cov}[X,Y]}{\sqrt{\mathrm{Var}[X] \cdot \mathrm{Var}[Y]}}$$

を X と Y の**相関係数** (correlation coefficient) とよぶ．ただし，$\mathrm{Cov}[X,Y]$ は X と Y の**共分散** (covariance)

$$\begin{aligned}\mathrm{Cov}[X,Y] &= E[(X-E[X])(Y-E[Y])] \\ &= E[XY] - E[X]E[Y]\end{aligned}$$

である．

ここで $\rho = 0$ ならば $E[XY] = E[X]E[Y]$ であり，$\rho = 1$ ならば $\mathrm{Cov}[X,Y] = \sqrt{\mathrm{Var}[X] \cdot \mathrm{Var}[Y]}$ である．

一般に，

$$\begin{aligned}\mathrm{Var}[X+Y] &= E[\{(X+Y) - E[X+Y]\}^2] \\ &= E[(X+Y)^2] - \{E[X+Y]\}^2 \\ &= E[(X+Y)^2] - (E[X]+E[Y])^2 \\ &= E[X^2] + E[Y^2] + 2E[XY] - E[X]^2 - E[Y]^2 - 2E[X]E[Y] \\ &= \mathrm{Var}[X] + \mathrm{Var}[Y] + 2E[XY] - 2E[X]E[Y]\end{aligned}$$

2.10 相関係数

であるから,
$$\mathrm{Var}[X+Y] = \mathrm{Var}[X] + \mathrm{Var}[Y] + 2\mathrm{Cov}[X,Y]$$
となる.

X と Y が独立ならば,
$$\begin{aligned}
E[XY] &= \iint_{x,y} xy f(x,y)\,dxdy \\
&= \iint_{x,y} xy f(x)f(y)\,dxdy \\
&= \int_x xf(x)\,dx \int_y yf(y)\,dy \\
&= E[X]E[Y]
\end{aligned}$$

となるので, $\mathrm{Cov}[X,Y]=0$ である. したがって, このとき, $\mathrm{Var}[X+Y]=\mathrm{Var}[X]+\mathrm{Var}[Y]$ である.

定理 2.5 相関係数 ρ は $-1 \leqq \rho \leqq 1$ となる性質をもつ.

【証明】
$$\begin{aligned}
0 &\leqq \mathrm{Var}\left[\frac{X}{\sigma_X} + \frac{Y}{\sigma_Y}\right] \\
&= \mathrm{Var}\left[\frac{X}{\sigma_X}\right] + \mathrm{Var}\left[\frac{Y}{\sigma_Y}\right] + 2\mathrm{Cov}\left[\frac{X}{\sigma_X}, \frac{Y}{\sigma_Y}\right] \\
&= \frac{\mathrm{Var}[X]}{\sigma_X^2} + \frac{\mathrm{Var}[Y]}{\sigma_Y^2} + \frac{2\mathrm{Cov}[X,Y]}{\sigma_X \sigma_Y} \\
&= 2(1+\rho)
\end{aligned}$$

から, $\rho \geqq -1$ が,
$$0 \leqq \mathrm{Var}\left[\frac{X}{\sigma_X} - \frac{Y}{\sigma_Y}\right] = 2(1-\rho)$$
から, $\rho \leqq 1$ がいえるからである. ∎

例 2.9 確率変数 X, Y が $|X| \leqq 1, |Y| \leqq 1$ の第 1 象限, 第 3 象限で一様に分布しているときの X, Y の相関係数 ρ を求めてみよう. $E[X]=E[Y]$ は明らかであるから, $E[X^2], E[Y^2], E[XY]$ を求めればよい. まず, 定義域での密度関数は $f(x,y) = \dfrac{1}{2}$ であることに注意すると,

$$E[X^2] = \int_{-1}^{0} \frac{1}{2}x^2\,dx + \int_{0}^{1} \frac{1}{2}x^2\,dx = \frac{1}{6} = E[Y^2],$$
$$E[XY] = \int_{-1}^{0}\int_{-1}^{0} \frac{1}{2}xy\,dxdy = \frac{1}{8}.$$

したがって，
$$\rho = \frac{\mathrm{Cov}[X,Y]}{\sqrt{\mathrm{Var}[X]\cdot\mathrm{Var}[Y]}} = \frac{\frac{1}{8}}{\frac{1}{6}} = \frac{3}{4}. \qquad \Box$$

演習問題

問 1 θ を区間 $(0, 2\pi)$ 上で一様分布に従う独立な確率変数とし，確率変数 X, Y を次のように定義する．
$$X = \cos\theta, \quad Y = \sin\theta$$
このとき，以下を示せ．
(1) X, Y は独立ではない．
(2) X, Y は無相関 (相関係数が 0 になる) である．

問 2 ある生命体が次の世代に生命を渡すまでの時間は 10 年から 30 年の間であり，この間で一様分布に従うことがわかっている．このとき，以下の問いに答えよ．ただし，1 世代目から考えるものとし，世代間での遺伝的な影響はないものとする．
(1) 3 世代目が誕生するまでの時間の密度関数を求めよ．
(2) 101 世代目が誕生するまでの時間の標準偏差を求めよ．
(3) 101 世代目が誕生するまでにかかる時間が 1900 年以下である確率を近似的に求めよ．

問 3 日本人の血液型は 10 人に対して A 型が 4 人，O 型が 3 人，B 型が 2 人，AB 型が 1 人の割合で分布している．このことを知っているとして以下の問いに答えよ．
(1) 通りかかった人の血液型をまったくでたらめに言うとき，血液型を正しく言い当てている確率はいくらになるか．
(2) 通りかかった人の血液型を言い当てる確率をもっとも大きくするにはどのように言えばよいだろうか．
(3) 血液型の分布に従うように，A 型に 40 %，O 型に 30 %，B 型に 20 %，AB 型に 10 % の割合で通りかかった人の血液型を言い当てるようにする．このとき，通りかかった人の血液型を正しく言い当てている確率はいくらになるか．

3

いろいろな確率分布

確率現象の背後には，自然に仮定される確率分布がいくつか存在する．このような確率分布のことを**背後分布** (underlying distribution) という．ここではそれらの確率分布について述べる．まず，確率変数が離散型である場合の確率分布について，次に，確率変数が連続型である場合の確率分布について紹介する．

3.1 離散分布

確率変数が離散型である場合の確率分布を**離散分布** (discrete distribution) という．例えば，コイン投げでは表が出れば $X = 1$，裏が出れば $X = 0$ というように 2 値の値しかとらないので離散分布である．

3.1.1 一様分布

コインの表と裏が出る確率はどちらも $\frac{1}{2}$，サイコロを振って 1 から 6 の目が出る確率はいずれも $\frac{1}{6}$ など，起こる場合の数が n で，どれも同程度に起こると考えられる場合の確率分布を**一様分布** (uniform distribution) とよぶ．

一様分布のときの確率変数を $X = 1, 2, \ldots, n$ で表すとき，その期待値と分散を計算しよう．定義に従えば，

$$E[X] = \sum_{i=1}^{n} iP(X=i) = \frac{1}{n}\sum_{i=1}^{n} i = \frac{n+1}{2}$$

また，分散については，

$$E[X^2] = \sum_{i=1}^{n} i^2 P(X=i) = \frac{1}{n} \sum_{i=1}^{n} i^2 = \frac{(n+1)(2n+1)}{6}$$

なので，分散は

$$\mathrm{Var}[X] = E[(X-E[X])^2] = E[X^2] - E[X]^2$$
$$= \frac{(n+1)(2n+1)}{6} - \frac{(n+1)^2}{4} = \frac{(n^2-1)}{12}$$

となる．

3.1.2 二項分布

1回の試行で成功 (success) する確率を p とする．n 回の試行で成功する回数を X とするとき，k 回成功する確率 $P(X=k)$ ($k=1,2,\ldots,n$) により定まる確率分布は**二項分布** (binomial distribution) とよばれ，$B(n,p)$ で表される．$P(X=k)$ は以下のようになる．

$$P(X=k) = \binom{n}{k} p^k (1-p)^{n-k}$$
$$= \frac{n(n-1)\cdots(n-k+1)}{k(k-1)\cdots 1} p^k (1-p)^{n-k}$$

ここに，

$$\binom{n}{k} = {}_n\mathrm{C}_k = \frac{n!}{k!(n-k)!}$$

は**二項係数**とよばれる．$n=20$, $p=0.25$ のときの確率関数 $f(x) = P(X=x)$ ($x=1,2,\ldots,n$) のグラフを図3.1に示す．

二項分布の期待値を計算しよう．その前に，期待値の計算では X と Y の独立性とは無関係に線形性を保っていることに注意する．つまり，いつでも

$$E[X+Y] = E[X] + E[Y]$$

が成り立っている．確率変数 X_i ($i=1,2,\ldots,n$) を

$$X_i = \begin{cases} 1, & 成功 \\ 0, & 失敗 \end{cases}$$

とし，$P(X_i=1) = p$, $P(X_i=0) = 1-p$ とする．二項分布に従う確率変数は，これらの和

3.1 離散分布

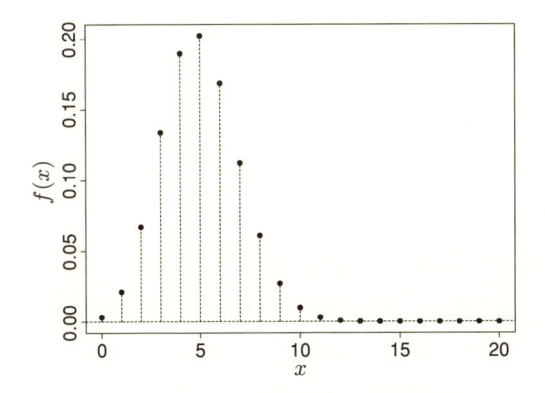

図3.1 二項分布 $B(20, 0.25)$ の確率関数

$$X = X_1 + X_2 + \cdots + X_n$$

であると考えられる.このとき,

$$E[X_i] = 1 \cdot p + 0 \cdot (1-p) = p$$

となるから,

$$\begin{aligned} E[X] &= E[X_1 + X_2 + \cdots + X_n] \\ &= E[X_1] + E[X_2] + \cdots + E[X_n] \\ &= p + p + \cdots + p \\ &= np \end{aligned}$$

となる.

分散については,X と Y が独立であれば,

$$\mathrm{Var}[X+Y] = \mathrm{Var}[X] + \mathrm{Var}[Y]$$

が成立する.このとき,期待値の計算のときと同じ互いに独立な X_i ($i = 1, 2, \ldots, n$) について,

$$\mathrm{Var}[X_i] = (1-p)^2 \cdot p + (0-p)^2 \cdot (1-p) = p(1-p)$$

であるから,それらの和 X の分散は

$$\begin{aligned} \mathrm{Var}[X] &= \mathrm{Var}[X_1 + X_2 + \cdots + X_n] \\ &= \mathrm{Var}[X_1] + \mathrm{Var}[X_2] + \cdots + \mathrm{Var}[X_n] \end{aligned}$$

$$= p(1-p) + p(1-p) + \cdots + p(1-p)$$
$$= np(1-p)$$

となる.

3.1.3 幾何分布

成功する確率が p の試行を，失敗したら次も試行するというように成功するまで繰り返す．このとき，N を ($k-1$ 回連続失敗して) k 回目に初めて成功する回数の確率変数とするとき，確率 $P(N=k)$ は

$$P(N=k) = (1-p)^{k-1}p$$

で与えられる．このような確率分布を**幾何分布** (geometric distribution) とよび，$G(p)$ で表す．$G(0.2)$ の確率関数 $f(x) = P(X=x)$ ($x = 1, 2, \ldots$) を図 3.2 に示す．

幾何分布の期待値 $E[N]$ は，

$$\begin{aligned}
E[N] &= \sum_{k=1}^{\infty} kp(1-p)^{k-1} \\
&= p + 2p(1-p) + 3p(1-p)^2 + \cdots \\
&= p + (1-p)\{(1+1)p + (1+2)p(1-p) + \cdots\} \\
&= p + (1-p)E[1+N] \\
&= p + (1-p) + (1-p)E[N]
\end{aligned}$$

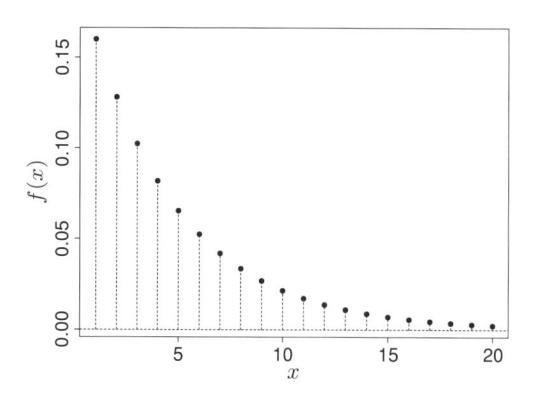

図 3.2 幾何分布 $G(0.2)$ の確率関数

3.1 離散分布

$$= 1 + (1-p)E[N]$$

となる.したがって,

$$E[N] = \frac{1}{p}$$

である.分散についても同様に計算する.

$$\begin{aligned}
E[N^2] &= \sum_{k=1}^{\infty} k^2 p(1-p)^{k-1} \\
&= p + (1-p)\{(1+1)^2 p + (1+2)^2 p(1-p) + \cdots\} \\
&= p + (1-p)E[(1+N)^2] \\
&= p + (1-p)E[1 + 2N + N^2] \\
&= p + (1-p)\left\{1 + \frac{2}{p} + E[N^2]\right\}
\end{aligned}$$

となるから,

$$E[N^2] = \frac{2-p}{p^2}$$

となる.したがって,

$$\begin{aligned}
\mathrm{Var}[N] &= E[N^2] - E[N]^2 \\
&= \frac{2-p}{p^2} - \frac{1}{p} = \frac{1-p}{p^2}
\end{aligned}$$

を得る.

例 3.1 (クーポンコレクター問題) 幾何分布を応用した典型的な問題例として「クーポンコレクター」がある.「クーポンコレクター」問題とは,n 枚の異なるカードの 1 枚がガムの景品としてついてくるとき,いくつのガムを買うと全種類のカードを手に入れることができるかというものである.

【解】 1 種類目のカードを手に入れるまでのガムの個数を N_1 とすると,N_1 は $p = 1 (= n/n)$ の幾何分布に従う.1 種類目のカードを手に入れてから,2 種類目のカードを手に入れるまでのガムの個数を N_2 とすると,N_2 は $p = (n-1)/n$ の幾何分布に従う.以下同様に考えて,$n-1$ 種類目のカードを手に入れてから,n 種類目のカードを手に入れるまでのガムの個数を N_n とすると,N_n は $p = 1/n$ の幾何分布に従う.

n 種類のカードを集めるまでに購入したガムの全個数を T とすると,$T = N_1 + N_2 + \cdots + N_n$ であるから,

$$E[T] = E[N_1] + E[N_2] + \cdots + E[N_n]$$
$$= \frac{n}{n} + \frac{n}{n-1} + \cdots + \frac{n}{n-(n-1)}$$
$$= n\left(1 + \frac{1}{2} + \frac{1}{3} + \cdots + \frac{1}{n}\right)$$
$$\cong n \int_{\frac{1}{2}}^{n+\frac{1}{2}} \frac{1}{x}\, dx$$
$$= n \log(2n+1)$$

となる．例えば，$n=10$ では $10\log(21) \approx 29.3$，$n=100$ では $100\log(201) \approx 530.3$ が得られる． □

3.1.4 ポアソン分布

めったには起こらないポツポツと起こるような現象を**ポアソン過程**とよぶ．ポアソン過程が成立するときには次の仮定を用いている．

a) 時間 h の間にちょうど 1 つの事象が起こる確率 p は，この h に比例する．つまり $p \cong \lambda h$

b) 2 つ以上の事象が同時に起こる確率は，λh に比べて小さい．

c) どの事象も独立に起こる．

この仮定のもとで，一定時間 t の間に起こる事象の回数 X が従う確率分布を**ポアソン分布** (Poisson distribution) といい，$k=1,2,\ldots$ に対して

$$P(X=k) = e^{-\lambda t} \frac{(\lambda t)^k}{k!} \tag{3.1}$$

で与えられる．

ポアソン分布は，二項分布から導くことができる．t 時間の間に k 回の事象が起こる確率 $P(X=k)$ は，t 時間を n 等分したと考えて，試行回数 n，成功確率 $\dfrac{\lambda t}{n}$ の二項分布を適用すると，

$$P(X=k) = \binom{n}{k} \left(\frac{\lambda t}{n}\right)^k \left(1 - \frac{\lambda t}{n}\right)^{n-k}$$

のように求められる．ただし，λ は単位時間内に事象が起こる回数を表す．

3.1 離散分布

t 時間を n 等分して，n を大きくしていくことで，

$$\binom{n}{k}\left(\frac{\lambda t}{n}\right)^k \left(1-\frac{\lambda t}{n}\right)^{n-k}$$

$$= \frac{n\cdot(n-1)\cdots(n-k+1)}{k!}\frac{\lambda t}{n}\frac{\lambda t}{n}\cdots\frac{\lambda t}{n}\left(1-\frac{\lambda t}{n}\right)^{n(1-k/n)}$$

$$= \frac{1\cdot(1-1/n)\cdots(1-k/n+1/n)}{k!}(\lambda t)^k\left(1-\frac{\lambda t}{n}\right)^{n(1-k/n)}$$

$$\cong \frac{1}{k!}(\lambda t)^k\left(1-\frac{\lambda t}{n}\right)^{n(1-k/n)}$$

$$\to \frac{1}{k!}(\lambda t)^k e^{-\lambda t} \quad (n\to\infty)$$

となり，式 (3.1) が得られる．

$t=1$ のときのポアソン分布に従う確率変数 N の期待値と分散は，次のように求めることができる．

$$E[N] = \sum_{i=0}^{\infty} i\frac{\lambda^i}{i!}e^{-\lambda}$$
$$= \lambda\sum_{i=1}^{\infty} \frac{\lambda^{(i-1)}}{(i-1)!}e^{-\lambda}$$
$$= \lambda$$

一方，

$$E[N(N-1)] = \sum_{i=0}^{\infty} i(i-1)\frac{\lambda^i}{i!}e^{-\lambda}$$
$$= \lambda^2\sum_{i=2}^{\infty} \frac{\lambda^{(i-2)}}{(i-2)!}e^{-\lambda}$$
$$= \lambda^2$$

なので，$E[N]^2 = \lambda^2 + \lambda$ になり，結局，

$$\mathrm{Var}[N] = E[(N-E[N])^2] = E[N^2] - E[N]^2$$
$$= \lambda^2 + \lambda - \lambda^2 = \lambda$$

となる．期待値 λ をもつポアソン分布を $Po(\lambda)$ と表記する．$Po(3)$ の確率関数 $f(x) = P(X=x)\ (x=1,2,\ldots,n)$ を図 3.3 に示す．

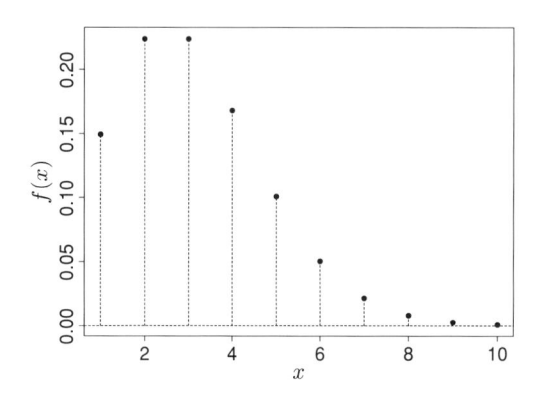

図 3.3　ポアソン分布 $Po(3)$ の確率関数

3.2　連続分布

確率変数の値が連続型である場合の確率分布を**連続分布**という．例えば，ルーレットの玉が半径 r の円周上をぐるぐる回ってどこかに止まるときの位置はどこでも同じだと考えると，x 軸からのなす角 X は区間 $[0, 2\pi]$ 上で定義される連続分布と考えられる．

3.2.1　一様分布

確率変数 X が区間 $[a, b]$ でどこでも同じように現れるならば X は**一様分布** (uniform distribution) に従うという．もちろん一点での確率はどこでも 0 であるから確率は区間で定義される (図 3.4)．分布関数 $F(x)$ は

$$F(x) = P(X \leqq x) = \frac{x-a}{b-a} \quad (a \leqq x \leqq b)$$

に，密度関数は

$$f(x) = \frac{1}{b-a} \quad (a \leqq x \leqq b)$$

になる．

このときの期待値と分散は，それぞれ

$$E[X] = \int_a^b \frac{x}{b-a}\, dx = \frac{a+b}{2}$$

3.2 連続分布

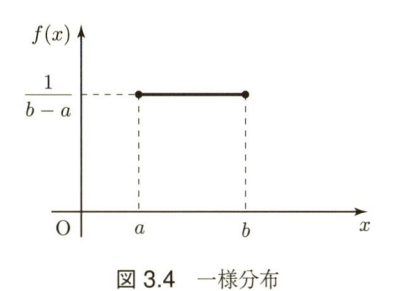

図 3.4 一様分布

$$\mathrm{Var}[X] = \int_a^b \frac{x^2}{b-a}\,dx - \left(\frac{a+b}{2}\right)^2 = \frac{(b-a)^2}{12}$$

となる．

3.2.2 指数分布

いま，単位時間の間に何らかの事象が起こる回数を λ とすると，時刻 0 から時刻 t までの間に事象が起こる回数は λt なので，t 時間を n 等分した時間間隔に分割して考えると，時刻 t までに一度も事象が起こらなかった確率 P は

$$P(\text{時刻 }t\text{ までに事象が一度も起こらない})$$
$$= \left(1 - \frac{\lambda t}{n}\right)^n \to e^{-\lambda t} \quad (n \to \infty)$$

となる．

ここで，ある事象の起こる時刻の確率変数を T とし，「時刻 t までに事象が一度も起こらない」確率を T と t を使って表すと，

$$P(\text{時刻 }t\text{ までに事象が一度も起こらない})$$
$$= P(\text{事象は時刻 }t\text{ 以降に起こる})$$
$$= P(T > t)$$

となる．

したがって，事象の起こる時刻 T の分布関数 $F(t) = P(T \leqq t)$ は

$$F(t) = 1 - e^{-\lambda t}$$

である．これにより与えられる確率分布を**指数分布** (exponential distribution) とよび，$\mathrm{Ex}(\lambda)$ と表す．指数分布の密度関数は

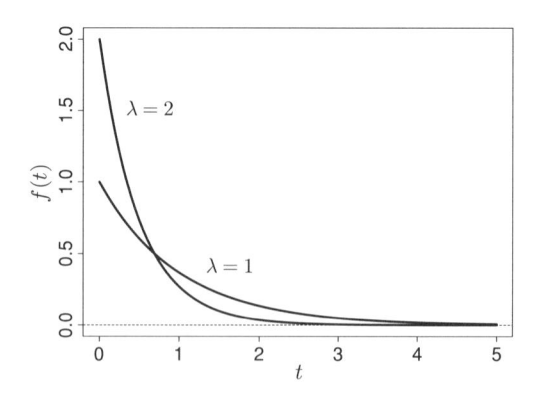

図 3.5 指数分布の確率密度関数

$$f(t) = \lambda e^{-\lambda t}$$

となる．$\lambda = 1, 2$ の指数分布の密度関数を図 3.5 に示す．

途中に出てきた確率 $P(T > t)$ は**生存関数**とよばれ，$S(t)$ を用いて表される．

$$S(t) = e^{-\lambda t}$$

では，指数分布の期待値と分散を求めてみよう．部分積分を用いれば，

$$E[T] = \int_0^\infty \lambda t e^{-\lambda t} dt = \frac{1}{\lambda}$$

$$\begin{aligned}\mathrm{Var}[T] &= E[(T - E[T])^2] = E[T^2] - E[T]^2 \\ &= \int_0^\infty \lambda t^2 e^{-\lambda t} dt - \left(\frac{1}{\lambda}\right)^2 = \frac{2}{\lambda^2} - \left(\frac{1}{\lambda}\right)^2 = \frac{1}{\lambda^2}\end{aligned}$$

を得る．なお，標準偏差は平均と同じ $\dfrac{1}{\lambda}$ となる．

3.2.3　正 規 分 布

密度関数が

$$f(x) = \frac{1}{\sqrt{2\pi}\sigma} \exp\left\{-\frac{(x-\mu)^2}{2\sigma^2}\right\} \quad (-\infty < x < \infty)$$

で与えられる確率分布を**正規分布** (normal distribution) とよび，記号で $N(\mu, \sigma^2)$ と表す．分布関数は陽な数式で与えられず，積分形のまま

3.2 連続分布

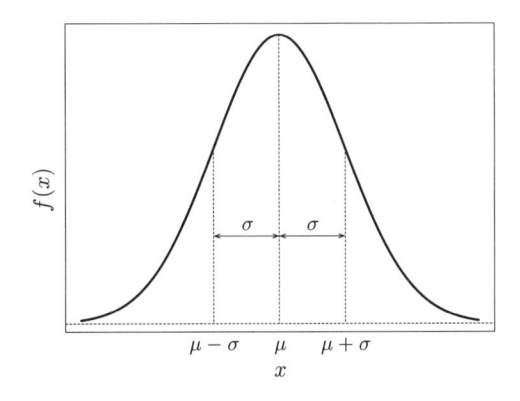

図 3.6 正規分布 $N(\mu, \sigma^2)$ の確率密度関数

$$F(x) = \int_{-\infty}^{x} f(t)\, dt \quad (-\infty < x < \infty)$$

で与えられている．このときの正規分布の期待値は μ, 分散は σ^2 になっている．この分布は $x = \mu$ を中心に左右対称で，$x = \mu$ で最大値をとり，$x = \mu \pm \sigma$ に変曲点をもつ，ちょうどベルに似た形 (ベル型) をしている (図 3.6)．

確率変数 X が平均 μ, 分散 σ^2 の正規分布 $N(\mu, \sigma^2)$ に従っているとき (これを「$X \sim N(\mu, \sigma^2)$」と書く), 確率変数

$$Z = \frac{X - \mu}{\sigma}$$

は平均 0, 分散 1 の標準正規分布 $N(0,1)$ に従う (これを**標準化**という). 特に $N(0,1)$ に対する分布関数を $\Phi(z)$ で表し，その値は巻末の正規分布表に示されている．逆に，標準正規分布の確率変数 Z を変換してできた確率変数

$$Y = \mu + \sigma Z$$

の分布は平均 μ, 分散 σ^2 をもつ．線形変換なので分布の形状は変わらず正規分布のままである．

例 3.2 あるテストの得点 X が正規分布 $N(78, 10^2)$ に従っているとする．このテストの得点が 90 点以上である受験者は全体の何 % であると考えられるか．

【解】 $X \sim N(78, 10^2)$ であるから，X を標準化すると，求める確率は

$$P(X \geqq 90) = P\left(\frac{X - 78}{10} \geqq \frac{90 - 78}{10}\right)$$

となり，$Z \sim N(0,1)$ とすると，
$$P(X \geqq 90) = P(Z \geqq 1.2) = 1 - P(Z < 1.2) = 1 - \Phi(1.2)$$
正規分布表より，$\Phi(1.2) \approx 0.885$ であるから，
$$P(X \geqq 90) \approx 0.115 = 11.5\%$$
となる． □

例 3.3 例 3.2 と同じテストにおいて，上位 5％以内の成績をとるためには，何点以上とる必要があるだろうか．

【解】 x 点以上とれば上位 5％に入れるとすると，
$$P(X \geqq x) = 0.05$$
を満たす x を求めればよい．
$$P\left(\frac{X - 78}{10} \geqq \frac{x - 78}{10}\right) = P\left(Z \geqq \frac{x - 78}{10}\right)$$
$$= 1 - \Phi\left(\frac{x - 78}{10}\right)$$
となるから[1]，
$$\Phi\left(\frac{x - 78}{10}\right) = 0.95$$
である．正規分布表から
$$\frac{x - 78}{10} = \Phi^{-1}(0.95) = 1.645$$
であるから，これを解いて，
$$x \approx 94$$
となる． □

多変量正規分布

いくつかの確率変数があるときにその間の関係が重要になることがある．ここで，多変量正規分布をとりあげよう．はじめに，確率変数が X_1, X_2 の 2 変量正規分布形の場合の密度関数は，X_1, X_2 の期待値と分散をそれぞれ，μ_1, μ_2,

---

[1] 正規分布表より，$\Phi(1.64) = 0.94950$，$\Phi(1.65) = 0.95053$ であるから，補間により $\Phi^{-1}(0.95) = 1.645$ が得られる．

3.2 連続分布

σ_1^2, σ_2^2, X_1 と X_2 の相関係数を ρ とすると,

$$f_{X_1,X_2}(x_1,x_2) = \frac{1}{2\pi\sigma_1\sigma_2\sqrt{1-\rho^2}}$$
$$\times \exp\left\{-\frac{1}{2(1-\rho^2)}\left(\frac{(x_1-\mu_1)^2}{\sigma_1^2} - 2\rho\frac{(x_1-\mu_1)(x_2-\mu_2)}{\sigma_1\sigma_2} + \frac{(x_2-\mu_2)^2}{\sigma_2^2}\right)\right\} \quad (3.2)$$

で与えられる.

ここで,

$$x = (x_1, x_2)^T, \quad \mu = (\mu_1, \mu_2)^T, \quad \Sigma = \begin{pmatrix} \sigma_1^2 & \sigma_{12} \\ \sigma_{21} & \sigma_2^2 \end{pmatrix},$$

$$\sigma_{12} = E[(X_1 - \mu_1)(X_2 - \mu_2)] = \sigma_{21}$$

とすると, $(x-\mu)^T \Sigma^{-1} (x-\mu)$ は

$$(x-\mu)^T \Sigma^{-1} (x-\mu)$$
$$= \begin{pmatrix} x_1-\mu_1 \\ x_2-\mu_2 \end{pmatrix}^T \begin{pmatrix} \sigma_1^2 & \sigma_{12} \\ \sigma_{12} & \sigma_2^2 \end{pmatrix}^{-1} \begin{pmatrix} x_1-\mu_1 \\ x_2-\mu_2 \end{pmatrix}$$
$$= \begin{pmatrix} x_1-\mu_1 \\ x_2-\mu_2 \end{pmatrix}^T \frac{1}{\sigma_1^2\sigma_2^2 - \sigma_{12}^2} \begin{pmatrix} \sigma_2^2 & -\sigma_{12} \\ -\sigma_{12} & \sigma_1^2 \end{pmatrix} \begin{pmatrix} x_1-\mu_1 \\ x_2-\mu_2 \end{pmatrix}$$
$$= \frac{1}{\sigma_1^2\sigma_2^2 - \sigma_{12}^2}\left[(x_1-\mu_1)^2\sigma_2^2 - 2(x_1-\mu_1)(x_2-\mu_2)\sigma_{12} + (x_2-\mu_2)^2\sigma_1^2\right]$$
$$= \frac{1}{1 - \sigma_{12}^2/(\sigma_1^2\sigma_2^2)}\left[\frac{(x_1-\mu_1)^2}{\sigma_1^2} - \frac{2(x_1-\mu_1)(x_2-\mu_2)\sigma_{12}}{\sigma_1^2\sigma_2^2} + \frac{(x_2-\mu_2)^2}{\sigma_2^2}\right]$$
$$= \frac{1}{1-\rho^2}\left[\left(\frac{x_1-\mu_1}{\sigma_1}\right)^2 - 2\rho\left(\frac{x_1-\mu_1}{\sigma_1}\right)\left(\frac{x_2-\mu_2}{\sigma_2}\right) + \left(\frac{x_2-\mu_2}{\sigma_2}\right)^2\right]$$

となる. ここで, T は転置行列を表す. さらに, Σ の行列式を $\det(\Sigma)$ とすると

$$\det(\Sigma) = \sigma_1^2\sigma_2^2 - \sigma_{12}^2 = \sigma_1^2\sigma_2^2\left(1 - \frac{\sigma_{12}^2}{\sigma_1^2\sigma_2^2}\right) = \sigma_1^2\sigma_2^2(1-\rho^2)$$

であるから,

$$f(x) = f(x_1, x_2) = \frac{1}{2\pi|\Sigma|^{1/2}} \exp\left\{-\frac{1}{2}(x-\mu)^T \Sigma^{-1} (x-\mu)\right\} \quad (3.3)$$

と書くことができる.

一般に, n 変量の正規分布の場合,

$$f(x) = \frac{1}{(2\pi)^{n/2}|\Sigma|^{1/2}} \exp\left\{-\frac{1}{2}(x-\mu)^T \Sigma^{-1}(x-\mu)\right\} \quad (3.4)$$

と書き表すことができる.

3.2.4 ガンマ分布

正の値をとる確率変数 X の確率密度関数 $f(x)$ が

$$f(x) = \frac{1}{\Gamma(\alpha)\beta^\alpha} x^{\alpha-1} \exp\left(-\frac{x}{\beta}\right)$$

で与えられるとき, この確率分布のことを**ガンマ分布** (gamma distribution) とよび, $Ga(\alpha, \beta)$ で表す. ただし, $\alpha, \beta > 0$ で, $\Gamma(\alpha)$ は**ガンマ関数**

$$\Gamma(\alpha) = \int_0^\infty t^{\alpha-1} \exp(-t)\, dt$$

である. いくつかのパラメータの組に対するガンマ分布の密度関数を図 3.7 に示す.

ガンマ分布に従う確率変数 X の期待値は, $x = \beta t$ として置換積分を行えば,

$$\begin{aligned}E[X] &= \frac{1}{\Gamma(\alpha)\beta^\alpha} \int_0^\infty x^\alpha \exp\left(-\frac{x}{\beta}\right) dx \\ &= \frac{\beta}{\Gamma(\alpha)} \int_0^\infty t^\alpha \exp(-t)\, dt\end{aligned}$$

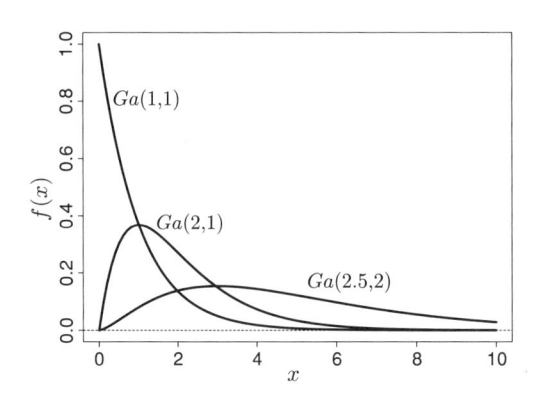

図 3.7 ガンマ分布の確率密度関数

3.2 連続分布

$$= \frac{\beta}{\Gamma(\alpha)}\Gamma(\alpha+1) = \alpha\beta$$

となる．ここでは，ガンマ関数の性質 $\Gamma(\alpha+1) = \alpha\Gamma(\alpha)$ を用いている．

一方，同様の置換積分により，

$$E[X^2] = \frac{1}{\Gamma(\alpha)\beta^\alpha}\int_0^\infty x^{\alpha+1}\exp\left(-\frac{x}{\beta}\right)dx$$

$$= \frac{\beta^2}{\Gamma(\alpha)}\int_0^\infty t^{\alpha+1}\exp(-t)\,dt$$

$$= \frac{\beta^2}{\Gamma(\alpha)}\Gamma(\alpha+2) = \alpha(\alpha+1)\beta^2$$

が得られる．したがって，X の分散は，

$$\mathrm{Var}[X] = E[X^2] - E[X]^2$$
$$= \alpha(\alpha+1)\beta^2 - \alpha^2\beta^2 = \alpha\beta^2$$

となる．

いま，$\lambda > 0$ で，r を2以上の整数とする．確率変数 T がガンマ分布 $Ga(r, 1/\lambda)$ に従うならば，部分積分により，

$$P(T > t) = 1 - F(t) = \frac{\lambda^r}{\Gamma(r)}\int_t^\infty x^{r-1}e^{-\lambda x}dx$$

$$= \frac{\lambda^r}{\Gamma(r)}\int_t^\infty x^{r-1}\left(-\frac{1}{\lambda}e^{-\lambda x}\right)'dx$$

$$= \frac{(\lambda t)^{r-1}}{\Gamma(r)}e^{-\lambda t} + \frac{\lambda^{r-1}}{\Gamma(r-1)}\int_t^\infty x^{r-2}e^{-\lambda x}dx$$

となる．$r = 1$ のとき，$\Gamma(1) = 1$ より，

$$P(T > t) = 1 - F(t) = \int_t^\infty \lambda e^{-\lambda x}dx$$

$$= \lambda\left[-\frac{1}{\lambda}e^{-\lambda x}\right]_t^\infty = e^{-\lambda t}$$

となる．自然数 r について $\Gamma(r) = (r-1)!$ であることと，上の2式より，T の分布関数

$$F(t) = 1 - \sum_{k=0}^{r-1}\frac{(\lambda t)^k}{k!}e^{-\lambda t}$$

が得られる．この式から，ポアソン分布とガンマ分布の関係がわかる (3.3 節参照)．

3.2.5 ワイブル分布

ワイブル分布 (Weibull distribution) は，工学系あるいは医学系などで，故障や寿命モデルとしてよく使われる経験的な確率分布であり，分布関数は次式で与えられる．

$$F(x) = 1 - \exp\left\{-\left(\frac{x-\gamma}{\eta}\right)^\beta\right\} \quad (x \geqq 0,\ \eta, \beta > 0,\ -\infty < \gamma < \infty)$$

ワイブル分布は，3つのパラメータ η, β, γ をもち，特に，パラメータ β (形状パラメータ，shape parameter) は故障のパターンをよく表しており，$\beta < 1$ の場合には初期に故障頻度が高くなるので初期故障のモデル，$\beta = 1$ の場合には安定期に入る故障のモデル，$\beta > 1$ の場合には末期に故障頻度が高くなる故障のモデルとして取り扱われている．η は尺度パラメータ，γ は位置パラメータである．ワイブル分布は，いろいろな確率変数 $X_i\,(i=1,2,\ldots,n)$ の最小値や最大値を表す極値分布の一つとしてみなされ，多くの分野の観測データに実用的に適用されている．ワイブル分布は $We(\eta, \beta)$ と表される．図 3.8 にワイブル分布の密度関数を示す．

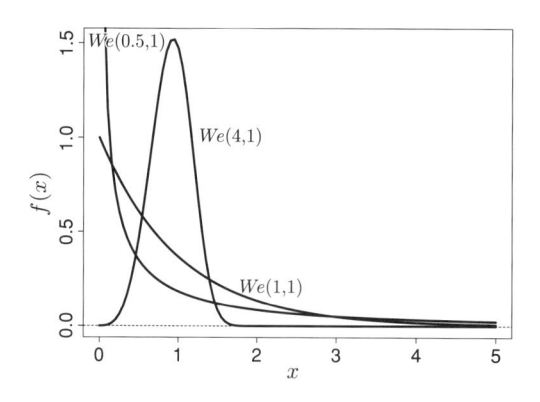

図 3.8 ワイブル分布の確率密度関数

ワイブル分布の期待値 $E[X]$ は

$$\begin{aligned}
E[X] &= \int_{\gamma}^{\infty} x f(x)\, dx \\
&= \int_{\gamma}^{\infty} x \frac{\beta}{\eta}\left(\frac{x-\gamma}{\eta}\right)^{\beta-\eta} \exp\left\{-\left(\frac{x-\gamma}{\eta}\right)^{\beta}\right\} dx \\
&= \int_{0}^{\infty} (y+\gamma) \frac{\beta}{\eta}\left(\frac{y}{\eta}\right)^{\beta-\gamma} \exp\left\{-\left(\frac{y}{\eta}\right)^{\beta}\right\} dy \\
&= \gamma + \eta\, \Gamma\left(1 + \frac{1}{\beta}\right)
\end{aligned}$$

で，分散 $\mathrm{Var}[X]$ は

$$\begin{aligned}
\mathrm{Var}[X] &= E[X^2] - E[X]^2 \\
&= \eta^2\left\{\Gamma\left(1+\frac{2}{\beta}\right) - \left(1+\frac{1}{\beta}\right)^2\right\}
\end{aligned}$$

で与えられる．

3.3 ポアソン分布と指数分布とガンマ分布の関係

これまで，ポアソン分布は離散分布の一つとして，指数分布は連続分布の一つとして別々にみてきた．ここでは，ポアソン分布と指数分布のあいだの関係を探ってみよう．さらに，指数分布と密接な関係にあるガンマ分布についても調べてみる．

3.3.1 ポアソン分布と指数分布

指数分布では，ある事象が起こるのはどの時刻でも変わらず一定であるときに，事象がある時刻前に起こる確率は

$$F_T(t) = P(T \leqq t) = 1 - e^{-\lambda t} \quad (t > 0)$$

で表されることを示した．生存関数 $S_T(t)$ は

$$S_T(t) = P(T > t) = e^{-\lambda t} \quad (t > 0)$$

である．

一方，ポアソン分布でも事象の起こる仮定は指数分布と同じある．ただ，確率変数の取り扱いが違っている．つまり，上の状況を，事象が起こった回数という面からみると，時刻 t までに一度も事象が起こらなかったという確率 $P(T > t)$ は，時刻 t までに起こった回数の確率変数を N とすると，それは確率 $P_t(N = 0)$ に等しいということである．このときのポアソン分布の分布関数は，

$$P_t(N = 0) = e^{-\lambda t} \quad (t > 0)$$

で，$S_T(t)$ とまったく同じである．ポアソン分布では，いつ起こるかわからないが事象が起こるのはどの時刻でも変わらないというときに，時刻 t までに一度も起こらないという離散分布の確率を求めていたのに対して，指数分布では，同じ確率を連続分布の確率として求めていることになっている．

3.3.2 ポアソン分布と指数分布とガンマ分布

以上では，起こるか起こらないかという一度だけの事象について考えた．さて，ポアソン分布では，時刻 t までに事象が起こったという回数が何回であるかということを問題にしている．それが r 回の場合，

$$P_t(N = r) = e^{-\lambda t} \frac{(\lambda t)^r}{r!}$$

であった．

それでは，次に，このことを連続分布の立場からみてみよう．ちょうど r 回目の事象が起こったのは時刻 t を過ぎてからであった，という状況を考える．この連続確率分布の生存関数を $S_G(t)$ とおく．これは，時刻 t までには事象は 0 回，1 回，2 回，$\ldots$，$r-1$ 回のいずれかで起こったという余事象にあたる．これらは排反事象であるから，このときの確率はそれぞれの事象の確率の和になっている．それぞれは時刻 t までに事象が起こった回数が k 回であるというポアソン分布に従うから，

$$\begin{aligned}S_G(t) &= P_t(N = 0) + P_t(N = 1) + \cdots + P_t(N = r-1) \\ &= e^{-\lambda t} \sum_{k=0}^{r-1} \frac{(\lambda t)^k}{k!}\end{aligned}$$

となる．したがって，分布関数 $F_G(t)$ は

3.3 ポアソン分布と指数分布とガンマ分布の関係

$$F_G(t) = 1 - e^{-\lambda t} \sum_{k=0}^{r-1} \frac{(\lambda t)^k}{k!}$$

となる．これは r が自然数である場合のガンマ分布 $Ga(r, 1/\lambda)$ の分布関数になっている．

上で述べた状況を指数分布からみてみよう．ちょうど k 回目の事象が起こったのは時刻 t を過ぎてからということは，各事象が起こる時刻の確率変数を $W_1, W_2, \ldots, W_k$ とするとき，確率変数 $Z = W_1 + W_2 + \cdots + W_k$ について $\{Z > t\}$ の事象を考えていることになる．Z は指数分布に従う確率変数の和であるから，指数分布に従う確率変数の和はガンマ分布の確率変数になっていることを示している．

演習問題

問 1 ペプシコーラの蓋にはマリオの人形が見えないように付いていて全部で 5 種類あるという．A 君はペプシコーラは嫌いだがマリオ人形はすべて揃えたい．A 君がマリオ人形をすべて揃えるためにはペプシコーラを何本買わなければならないだろうか．期待値を求めよ．また，分散を求めよ．

問 2 確率変数 T $(T \geqq 0)$ は $P(T \leqq t) = 1 - \exp(-\lambda t)$ の分布関数をもつ指数分布に従うとする．次の問いに答えよ．
(1) T の平均 $E[T]$ を求めよ．
(2) ある放射性物質は有毒で，食すと直ぐに骨に吸収され 70 年の半減期をもつ．この放射性物質の平均寿命はいくらか．$\log 2 \approx 0.7$ を用いてよい．

問 3 男の人の体重は平均 60 kg で標準偏差 8 kg の，女の人の体重は平均 50 kg で標準偏差 6 kg の正規分布に従っていると仮定する．このとき，次の問いに答えよ．正規分布表を用いてもよい．
(1) ある女性の体重が 60 kg 以上である確率はいくらか．
(2) 女性 2 人の体重が 120 kg 以上である確率はいくらか．
(3) 男性 2 人が秤の左側に，女性 3 人が秤の右側に乗ったとき，女性のほうに秤が傾く確率はいくらか．

4
確率変数の演算

確率変数は実数値をとるため演算が可能になる．例えば，分布関数 $F_X(x)$ をもつ確率変数 X があるとき，X からつくられる確率変数 Y が，$Y = 2X + 1$ や，$Y = X^2$ のように与えられる場合を考えることがある．あるいは，同じ確率分布 $F_X(x)$ に従う $X_i\,(i = 1, 2, \ldots, n)$ の和 $Y = \sum X_i\,(i = 1, 2, \ldots, n)$ を考えることがある．ここでは，これらの演算法について考えよう．また，確率変数の演算のなかで特別な計算については，平均や分散を求めたり，あるいは確率分布の同定 (ある確率分布と別な確率分布とが同じである) を行うことができる．ここでは，その特別な演算法としてモーメント母関数を取り扱う．

4.1 確率変数の変換

確率変数 X の線形変換 $Y = aX + b$ を考えてみよう．Y の分布関数を $F_Y(y)$ とする．$F_Y(y)$ は

$$F_Y(y) = P(Y \leqq y) = P(aX + b \leqq y)$$
$$= \begin{cases} P\left(X \geqq \dfrac{y-b}{a}\right) = 1 - F\left(\dfrac{y-b}{a}\right), & a < 0 \\ P\left(X \leqq \dfrac{y-b}{a}\right) = F\left(\dfrac{y-b}{a}\right), & a > 0 \end{cases}$$

から求められる．X の密度関数が存在するとき，

$$f_Y(y) = \begin{cases} -\dfrac{1}{a} f\left(\dfrac{y-b}{a}\right), & a < 0 \\ \dfrac{1}{a} f\left(\dfrac{y-b}{a}\right), & a > 0 \end{cases}$$

4.1 確率変数の変換

$$= \frac{1}{|a|} f\left(\frac{y-b}{a}\right)$$

となる.

このように，変換後の Y が A_y のなかで動くときの確率 $P(Y \subset A_y)$ は，それに対応して X の動ける集合 A_x に対しての確率 $P(X \subset A_x)$ から求めることができる.

このことを密度関数からみてみよう. $y = g(x)$ となる x の点が有限個の場合，分布関数のときと同様に $P(Y \in dy) = \sum P(X \in dx)$ となる. ただし，x の変化に対する $y = g(x)$ の変化は変化率，つまり $|dy/dx|$ だけ増幅されるので，

$$f_Y(y) = \frac{\sum f_X(x)}{|dy/dx|}$$

になる.

例 4.1 確率変数の密度関数 $f(x)$ が，$f(x) = |x|$ ($|x| \leqq 1$) のとき，分布関数 $F(x)$ は密度関数 $f(x)$ を積分することによって求められ，

$$F(x) = \frac{1}{2}(1 + x \cdot |x|) \quad (|x| \leqq 1)$$

で与えられる.

また，分布関数 $F_X(x)$ をもつ確率変数 X からつくられる確率変数 $Y = X^2$ を考えると，Y の分布関数 $F_Y(y)$ は，

$$\begin{aligned} F_Y(y) &= P(Y \leqq y) \\ &= P(X^2 \leqq y) = P(-\sqrt{y} \leqq X \leqq \sqrt{y}) \\ &= F_X(\sqrt{y}) - F_X(-\sqrt{y}) \end{aligned}$$

から求められる. このとき，$Y = X^2$ の確率変数の定義域は $[0, 1]$ になり，その分布関数 $G(y)$ と密度関数 $g(y)$ は

$$\begin{aligned} G(y) &= y \quad (0 \leqq y \leqq 1) \\ g(y) &= 1 \quad (0 \leqq y \leqq 1) \end{aligned}$$

で与えられる.

このときの密度関数 $f(x)$ と $g(y)$，分布関数 $F(x)$ と密度関数 $G(y)$ を図 4.1 に示す. □

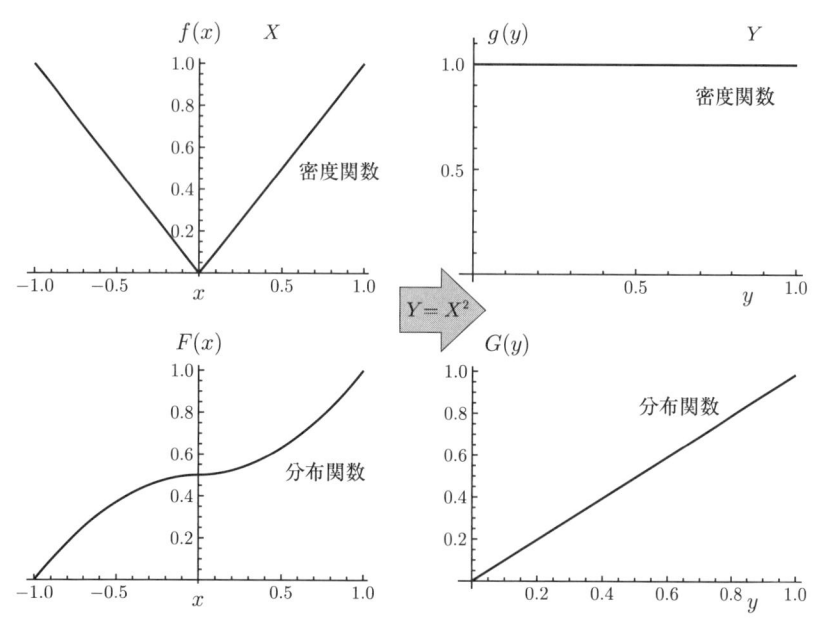

図 4.1　変数変換と密度関数・分布関数

4.2 同時分布と周辺分布

1つの事象に対応する確率変数 X と，別の事象に対応する確率変数 Y を同時に考える．このとき，2つの事象が同時に観測される場合の確率分布を**同時分布** (joint distribution) または**結合分布**とよぶ．2変量の確率分布ということになり，離散分布の場合，$P(X = x, Y = y)$ のように表す．また，Y の動きをすべて取り込んだときの $X = x$ の分布を $P(X = x)$ のように表して，X の**周辺分布** (marginal distribution) とよぶ．X と Y を入れ替えても同様である．

連続分布の場合には，これに相当するもの (頻度) は，それぞれ，$P(x < X \leqq x+dx, y < Y \leqq y+dy)$ あるいは $P(X \in dx, Y \in dy)$, $P(x < X \leqq x+dx)$ あるいは $P(X \in dx)$ のように表される．確率を使う場合，同時確率は $P(X \leqq x, Y \leqq y)$, 周辺確率は $P(X \leqq x)$ のように表される．

4.3 離散分布の確率変数の和

例えば,独立な確率変数 X, Y が

$$P(X = 0) = \frac{1}{2} = P(Y = 0)$$

$$P(X = 1) = \frac{1}{2} = P(Y = 1)$$

のような分布をもつ場合を考えてみよう.このとき,確率変数の和 $Z = X + Y$ は $Z = 0, 1, 2$ に分布することになるが,そのときの確率は

$$P(Z = 0) = \frac{1}{4}$$

$$P(Z = 1) = \frac{1}{2}$$

$$P(Z = 2) = \frac{1}{4}$$

になる.なぜなら,$Z = 1$ は $X = 1, Y = 0$ と $X = 0, Y = 1$ の 2 つの場合の確率の和になるからである.このように,確率変数 X が X の分布に従って動いているとき,確率変数 Y は $Z = z = X + Y$ の制限下で動くので X によって動きが決まってしまう.つまり,

$$P(X + Y = z)$$
$$= \sum_i P(X = i, Y = z - i) \quad \text{...同時分布}$$
$$= \sum_i P(Y = z - i | X = i) P(X = i) \quad \text{...条件付き確率分布で書き直す}$$
$$= \sum_i P(Y = z - i) P(X = i) \quad \text{...独立性から}$$

のような操作を行っていることになる.

上の例では確率変数 X, Y は離散一様分布であるが,2 つの確率変数の和はもはや一様分布にはなっていない.さらに,同じ形の確率変数 W を考え,$T = X + Y + W$ をつくると,

$$P(T = 0) = \frac{1}{8}$$

$$P(T = 1) = \frac{3}{8}$$

$$P(T = 2) = \frac{3}{8}$$

$$P(T=3) = \frac{1}{8}$$

のようになる．

4.4　連続分布の確率変数の和

確率変数 X が分布関数 $F(x)$, 密度関数 $f(x)$ を，確率変数 Y が分布関数 $G(y)$, 密度関数 $g(y)$ をもつ連続分布であると仮定する．このとき，確率変数 $Z = X + Y$ の分布関数と密度関数を求めてみよう．ただし，X と Y は独立とする．

$Z = z$ のとき，$X = x$ という値を決めれば，Y のほうは $x + y = z$ という制約を受けて，$Y = z - x$ の値に決まってしまう．$Z = z$ のとき，X のほうを自由に動かすことはできるが Y のほうは $X + Y = z$ という制限を受けて X につられて動くことになる．Z の分布関数を $H(z)$ とする．

$$H(z) = P(Z \leqq z) = P(X + Y \leqq z) = P(Y \leqq z - X)$$
$$= \int_x P(Y \leqq z - x \mid X \in (x, x+dx)) P(X \in (x, x+dx))\, dx$$

ここで X と Y の独立性を使って

$$H(z) = \int_x f(x) G(z - x)\, dx$$

をだしておき，これを z で微分することにより，

$$h(z) = \frac{dH(z)}{dz} = \int_x f(x) g(z - x)\, dx$$

X と Y の対称性から，

$$h(z) = \int_y g(y) f(z - y)\, dy$$

が導かれる．これを**畳み込み** (convolution) という．

4.4.1　一様分布に従う確率変数の和の分布

2 つの確率変数 X, Y が独立に区間 $[0, 1]$ 上の一様分布に従っているとする．このとき，$Z = X + Y$ の密度関数 $h(z)$ を畳み込みによって求める．$h(z)$ は

4.4 連続分布の確率変数の和

$$h(z) = \int_0^1 f(x)g(z-x)\,dx$$

である．$t = z-x$ とおくと，$x: 0 \to 1$ のとき，$t: z \to z-1$，また，$dx = -dt$ であるから，

$$h(z) = \int_{z-1}^z f(z-t)g(t)\,dt$$

ここで，積分範囲において $f(z-t) = 1$ であるから，

$$h(z) = \int_{z-1}^z g(t)\,dt \tag{4.1}$$

となる．これは，$P(z-1 \leqq Y \leqq z)$ に等しい．したがって，

$$h(z) = \begin{cases} \int_0^z dt = z, & 0 \leqq z \leqq 1 \\ \int_{z-1}^1 dt = 2-z, & 1 < z \leqq 2 \end{cases}$$

となる．グラフを図 4.2 に示す．

次に，3つの確率変数が独立に区間 $[0,1]$ 上の一様分布に従っているとするとき，その和の密度関数を求める．確率変数 X は区間 $[0,1]$ 上の一様分布に従うとし，確率変数 Y は区間 $[0,1]$ 上の一様分布の和の分布に従うとする．X と Y は独立である．この場合も式 (4.1) は成立するため，$0 \leqq z \leqq 1$ のとき，

$$h(z) = \int_0^z z\,dt = \frac{z^2}{2}$$

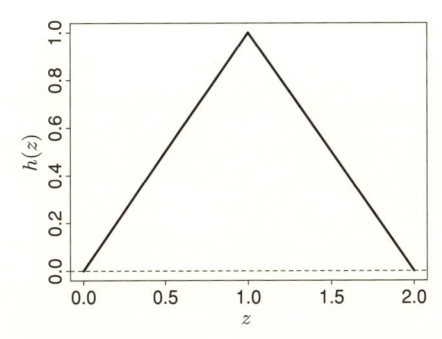

図 4.2 2つの一様分布の和の分布の密度関数

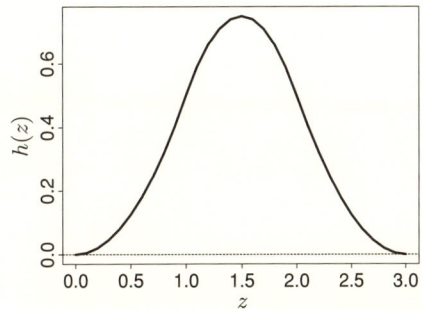

図 4.3 3つの一様分布の和の分布の密度関数

$1 < z \leqq 2$ のとき,
$$h(z) = \int_{z-1}^{z} g(t)\,dt = \int_{z-1}^{1} z\,dt + \int_{1}^{z} (2-z)\,dt$$
$$= -z^2 + 3z - \frac{3}{2} = -\left(z - \frac{3}{2}\right)^2 + \frac{3}{4}$$

$2 < z \leqq 3$ のとき,
$$h(z) = \int_{z-1}^{2} (2-t)\,dt = \frac{1}{2}(z-3)^2$$

となる．グラフを図 4.3 に示す．

4.4.2　正規分布に従う確率変数の和の分布

次に，いま X, Y が独立な正規確率変数であると仮定する．畳み込みを使えば,
$$h(z) = \int_{-\infty}^{\infty} g(z-x)f(x)\,dx$$
$$= \int_{-\infty}^{\infty} \frac{1}{2\pi\sigma\tau} \exp\left\{-\frac{(x-\mu)^2}{2\sigma^2} - \frac{(z-x-\lambda)^2}{2\tau^2}\right\} dx$$

ここで指数関数の中を x について整理すると
$$-\frac{(x-\mu)^2}{2\sigma^2} - \frac{(z-x-\lambda)^2}{2\tau^2}$$
$$= -\frac{1}{2\sigma^2\tau^2}\left[(\sigma^2+\tau^2)x^2 - 2\{\tau^2\mu + \sigma^2(z-\lambda)\}x + \tau^2\mu^2 + \sigma^2(z-\lambda)^2\right]$$
$$= -\frac{(\sigma^2+\tau^2)}{2\sigma^2\tau^2}\left(x - \frac{\tau^2\mu + \sigma^2(z-\lambda)}{\sigma^2+\tau^2}\right)^2$$
$$+ \frac{\tau^4\mu^2 + 2\sigma^2\tau^2\mu(z-\lambda) + \sigma^4(z-\lambda)^2}{2\sigma^2\tau^2(\sigma^2+\tau^2)} - \frac{(\sigma^2+\tau^2)}{2\sigma^2\tau^2}\frac{\{\tau^2\mu^2 + \sigma^2(z-\lambda)^2\}}{(\sigma^2+\tau^2)}$$
$$= -\frac{(\sigma^2+\tau^2)}{2\sigma^2\tau^2}\left(x - \frac{\tau^2\mu + \sigma^2(z-\lambda)}{\sigma^2+\tau^2}\right)^2 - \frac{(z-(\mu+\lambda))^2}{2(\sigma^2+\tau^2)}$$

となる．平均と分散がどのような値であっても正規分布の密度関数を全区間にわたって積分するとその値は 1 になるので,
$$h(z) = \frac{1}{\sqrt{2\pi(\sigma^2+\tau^2)}} \exp\left\{-\frac{(z-(\mu+\lambda))^2}{2(\sigma^2+\tau^2)}\right\}$$

が得られる．これは平均が $\mu + \lambda$，分散が $\sigma^2 + \tau^2$ の正規分布の密度関数である．

このように，同じ形の確率分布の和がまた同じ確率分布の形になることを，確率分布に**再生性** (reproductive property) があるという．

4.4.3 指数分布に従う確率変数の和の分布

X, Y が独立に同じパラメータ λ をもつ指数分布に従うとき，$Z = X + Y$ の分布を考える．畳み込みを使えば，$x \geqq 0, z - x \geqq 0$ に注意して，

$$\begin{aligned} h(z) &= \int_0^z g(z-x)f(x)\,dx \\ &= \int_0^z \lambda e^{-\lambda(z-x)} \lambda e^{-\lambda x} dx \\ &= \lambda^2 e^{-\lambda z} \int_0^z dx \\ &= \lambda^2 z e^{-\lambda z} \end{aligned}$$

となる．これはガンマ分布 $Ga(2, 1/\lambda)$ の密度関数に一致する．このことから，指数分布には再生性はないことがわかる．

4.4.4 ガンマ分布に従う確率変数の和の分布

2つの確率変数 X, Y が独立に，それぞれガンマ分布 $Ga(r, 1/\lambda), Ga(s, 1/\lambda)$ に従っているとする．このとき，$Z = X + Y$ の分布が $Ga(r+s, 1/\lambda)$ となることを，数学的帰納法により確認してみよう．

$s = 1$ のとき，X, Y の密度関数をそれぞれ $f(x), g(y)$ とすれば，z の密度関数 $h(z)$ は，畳み込みにより

$$\begin{aligned} h(z) &= \int_0^\infty g(z-x)f(x)\,dx = \int_0^z g(t)f(z-t)\,dt \\ &= \int_0^z \lambda e^{-\lambda t} \frac{\lambda^r}{(r-1)!}(z-t)^{r-1} \exp\{-\lambda(z-t)\}\,dt \\ &= \frac{\lambda^{r+1}}{(r-1)!} e^{-\lambda z} \int_0^z (z-t)^{r-1} dt \\ &= \frac{\lambda^{r+1}}{(r-1)!} e^{-\lambda z} \left[-\frac{1}{r}(z-t)^r\right]_0^z \end{aligned}$$

$$= \frac{\lambda^{r+1}}{((r+1)-1)!}z^{(r+1)-1}e^{-\lambda z}$$

となる．これはガンマ分布 $Ga(r+1,1/\lambda)$ の密度関数である．

$s=k$ のとき，$Ga(r,1/\lambda)$ と $Ga(k,1/\lambda)$ の和の分布が $Ga(r+k,1/\lambda)$ となると仮定すれば，$s=k+1$ のとき，$Ga(k+1,1/\lambda)$ は $Ga(k,1/\lambda)$ と $Ga(1,1/\lambda)$ の和の分布であるから，$s=k$ および $s=1$ のときの結果から，$Ga(r,1/\lambda)$ と $Ga(k+1,1/\lambda)$ の和の分布は $Ga(r+k+1,1/\lambda)$ となる．したがって，すべての s について成立する．

これにより，ガンマ分布には再生性があることがわかった．

4.4.5 カイ2乗分布

確率変数 Z_i ($i=1,2,\ldots,k$) が独立に標準正規分布 $N(0,1)$ に従っていると仮定する．このとき，

$$\chi_k^2 = Z_1^2 + Z_2^2 + \cdots + Z_k^2$$

が従う確率分布を自由度 k の**カイ2乗分布** (χ_k^2 分布, chi-square distribution) という．つまり，カイ2乗分布は正規確率変数の2乗和の分布である．

自由度が 1 ($k=1$) のときの分布関数と密度関数はそれぞれ

$$\begin{aligned}F_Z(z) &= P(Z^2 \leqq z) = P(-\sqrt{z} \leqq Z \leqq \sqrt{z}) \\ &= \Phi(\sqrt{z}) - \Phi(-\sqrt{z}) = \Phi(\sqrt{z}) - (1 - \Phi(\sqrt{z})) \\ &= 2\Phi(\sqrt{z}) - 1 \\ f_Z(z) &= \frac{dF_Z(z)}{dz} = 2\phi(\sqrt{z}) \cdot \frac{1}{2\sqrt{z}} = \frac{\phi(\sqrt{z})}{\sqrt{z}}\end{aligned}$$

となる．ただし，

$$\phi(z) = \frac{1}{\sqrt{2\pi}}\exp\left(-\frac{z^2}{2}\right)$$

である．ここで，

$$\begin{aligned}\frac{\phi(\sqrt{z})}{\sqrt{z}} &= \frac{1}{\sqrt{2\pi}\sqrt{z}}\exp\left(-\frac{z}{2}\right) \\ &= \frac{\left(\frac{1}{2}\right)^{\frac{1}{2}}}{\Gamma\left(\frac{1}{2}\right)}z^{\frac{1}{2}-1}e^{-\frac{z}{2}}\end{aligned}$$

4.4 連続分布の確率変数の和

となるから，

$$f_Z(z,1) = \frac{\left(\frac{1}{2}\right)^{\frac{1}{2}}}{\Gamma\left(\frac{1}{2}\right)} z^{\frac{1}{2}-1} e^{-\frac{z}{2}} \quad (z \geqq 0)$$

である．これは，ガンマ分布 $Ga(1/2, 2)$ の密度関数である．

また，自由度 k のカイ2乗分布は，ガンマ分布の再生性より $Ga(k/2, 2)$ であるから，その密度関数は

$$f_Z(z,k) = \frac{\left(\frac{1}{2}\right)^{\frac{k}{2}}}{\Gamma\left(\frac{k}{2}\right)} z^{\frac{k}{2}-1} e^{-\frac{z}{2}} \quad (z \geqq 0)$$

と表される．

4.4.6 t 分 布

正規分布とカイ2乗分布から，以下に示す t 分布が導かれる．t 分布は，7章以降で述べられる平均値に関連した推定や検定において多く用いられ，重要な役割を果たす分布である．

> **定義 4.1** 2つの確率変数 Z, Y がそれぞれ標準正規分布 $N(0,1)$ と自由度 ν のカイ2乗分布 χ_ν^2 に従い，互いに独立であるとき，
>
> $$T = \frac{Z}{\sqrt{Y/\nu}}$$
>
> の分布を自由度 ν の **t 分布** (t distribution) とよび，t_ν で表す．

t_ν の確率密度関数は

$$f(t) = \frac{\Gamma\left(\frac{\nu+1}{2}\right)}{\sqrt{\nu\pi}\,\Gamma\left(\frac{\nu}{2}\right)} \left(1 + \frac{t^2}{\nu}\right)^{-\frac{\nu+1}{2}}$$

となる[1]．図 4.4 は t 分布の密度関数である．点線は標準正規分布の密度関数を示しており，これに近い順から自由度が 25, 5, 3 の t 分布の密度関数となっている．自由度が大きくなるにつれて標準正規分布に近づく様子がわかる．

---

[1] 証明はやや煩雑であるため省略する．変数変換 (ヤコビアン) を用いて証明できる．

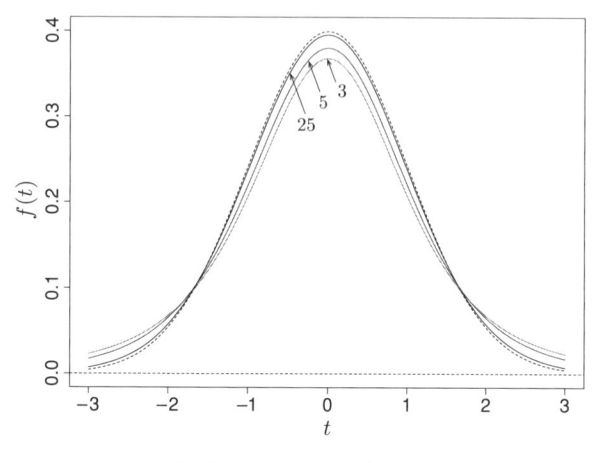

図 4.4 t 分布の密度関数

t 分布の 100α パーセント点を $t_\nu(\alpha)$ で表し，後に述べる推定や検定でよく用いられる α に対する $t_\nu(\alpha)$ の値を巻末の数表に掲載している．

定理 4.1 独立に同一の正規分布 $N(\mu, \sigma^2)$ に従う確率変数 X_i $(i = 1, 2, \ldots, n)$ の標本平均を $\bar{X}$，また，

$$U^2 = \frac{1}{n-1}\sum_{i=1}^{n}(X_i - \bar{X})^2$$

とする．このとき，

$$T = \frac{\bar{X} - \mu}{U/\sqrt{n}}$$

は自由度 $n-1$ の t 分布に従う．

【証明】
$$T = \frac{\bar{X} - \mu}{\sigma/\sqrt{n}} \bigg/ \sqrt{\frac{1}{n-1}\sum_{i=1}^{n}(X_i - \bar{X})^2 \bigg/ \sigma^2}$$

と書き直すと，分子は $N(0,1)$ に従う．一方，

$$\sum_{i=1}^{n}(X_i - \bar{X})^2 = \sum_{i=1}^{n}(X_i - \mu)^2 - n(\bar{X} - \mu)^2$$

となるので，

$$\sum_{i=1}^{n}\left(\frac{X_i - \mu}{\sigma}\right)^2 = \sum_{i=1}^{n}\frac{(X_i - \bar{X})^2}{\sigma^2} + \left(\frac{\bar{X} - \mu}{\sigma/\sqrt{n}}\right)^2$$

となる．左辺は自由度 n のカイ 2 乗分布に従い，右辺第 2 項は自由度 1 のカイ

4.4 連続分布の確率変数の和

2 乗分布に従う．さらに，右辺の 2 つの項は互いに独立[2])で，自由度 k のカイ 2 乗分布はガンマ分布 $Ga(k/2, 2)$ に等しいことに注意すると，ガンマ分布の再生性により，右辺の第 2 項は自由度 $n-1$ のカイ 2 乗分布に従う．以上により，T は自由度 $n-1$ の t 分布に従うことが示された． ∎

4.4.7 F 分 布

定義 4.2 2 つの確率変数 X_1, X_2 がそれぞれ自由度 n_1, n_2 のカイ 2 乗分布に従い，互いに独立であるとき，

$$F = \frac{X_1}{n_1} \bigg/ \frac{X_2}{n_2}$$

の分布を自由度 (n_1, n_2) の **F 分布** (F distribution) とよび，F_{n_1, n_2} で表す．

F_{n_1, n_2} の密度関数は

$$f(x) = \frac{\left(\frac{n_1}{n_2}\right)^{\frac{n_1}{2}}}{B\left(\frac{n_1}{2}, \frac{n_2}{2}\right)} x^{\frac{n_1}{2}-1} \left(1 + \frac{n_1}{n_2}x\right)^{-\frac{n_1+n_2}{2}}$$

となる．ただし B はベータ関数であり，$\alpha > 0, \beta > 0$ に対して

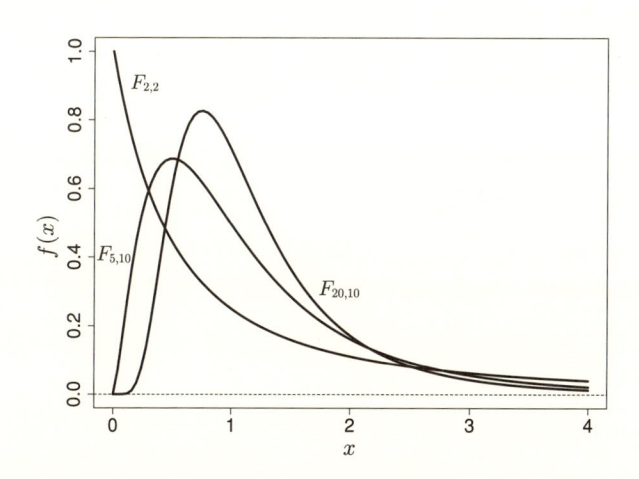

図 4.5 F 分布の密度関数

---

2) 証明はやや煩雑であるため省略する．

$$B(\alpha, \beta) = \int_0^1 x^{\alpha-1}(1-x)^{\beta-1}\,dx$$

で定義される．図 4.5 は，いくつかの自由度対に対する F 分布の密度関数である．F 分布の 100α パーセント点を $f_{n_1,n_2}(\alpha)$ で表し，よく用いられる α に対する $f_{n_1,n_2}(\alpha)$ の値を巻末の数表に掲載している．

定理 4.2 独立に同一の正規分布 $N(\mu_1, \sigma_1^2)$ に従う確率変数を X_i $(i=1, 2, \ldots, n_1)$，また，独立に同一の正規分布 $N(\mu_2, \sigma_2^2)$ に従う確率変数を Y_i $(i=1, 2, \ldots, n_2)$ とする．さらに，

$$U_1^2 = \frac{1}{n_1-1}\sum_{i=1}^{n_1}(X_i-\bar{X})^2, \quad U_2^2 = \frac{1}{n_2-1}\sum_{i=1}^{n_2}(Y_i-\bar{Y})^2$$

とするとき，

$$F = \frac{U_1^2}{\sigma_1^2} \Big/ \frac{U_2^2}{\sigma_2^2}$$

は自由度 (n_1-1, n_2-1) の F 分布 F_{n_1-1, n_2-1} に従う．

【証明】
$$\frac{U_1^2}{\sigma_1^2} = \frac{1}{n_1}\sum_{i=1}^{n_1}\frac{(X_i-\bar{X})^2}{\sigma_1^2}$$

であり，定理 4.1 の証明の過程で示されたように，$\sum_{i=1}^{n_1}(X_i-\bar{X})^2 \big/ \sigma_1^2$ は自由度 n_1-1 のカイ 2 乗分布に従う．また，U_2^2/σ_2^2 についても同様である．よって，F 分布の定義から，F は自由度 (n_1-1, n_2-1) の F 分布に従う． ∎

4.5 モーメント母関数

これまで，確率変数の平均や分散を定義に従って無限級数や積分によって求めてきた．ここでは，確率変数からつくられるある特定の関数の期待値の性質を利用することで，確率変数の平均や分散を求める別の方法について述べる．

まず，モーメントを定義しておく．

定義 4.3 確率変数 X の r 次のモーメント (moment) は

$$\mu_r = E[X^r], \quad \mu_r' = E[(X-\mu)^r] \tag{4.2}$$

で定義される．μ_r, μ_r' をそれぞれ，原点まわり，平均まわりのモーメントとよ

ぶ．特に，1次，2次のモーメント

$$\mu = E[X]$$
$$\sigma^2 = \mathrm{Var}[X] = E[(X - E[X])^2]$$

は平均と分散である．標準化したモーメントは

$$\alpha_r = E\left[\left(\frac{X-\mu}{\sigma}\right)^r\right] \tag{4.3}$$

で定義される．

$X = x$ での重みを確率分布の確率 (離散分布) や密度関数 (連続分布) と考えれば，力学で使われる概念から，自然に平均と分散の意味を解釈することができる．平均は重心になっており，分散は慣性モーメントになっている．次数 r が高いときにも，モーメントという言葉を用いている．

定義 4.4 確率変数 X の**モーメント母関数** (moment-generating function) とは

$$M_X(t) = E[e^{tX}] \tag{4.4}$$

で定義される t の関数である．X が連続型のとき，

$$M_X(t) = \int_{-\infty}^{\infty} e^{tx} f(x)\,dx$$

離散型のとき，

$$M_X(t) = \sum_i e^{tx_i} f(x_i)$$

となる．

モーメント母関数のことを**積率母関数**ともいう．
e^{tx} をテイラー展開すれば，

$$e^{tx} = 1 + tx + \frac{(tx)^2}{2!} + \cdots + \frac{(tx)^k}{k!} + \cdots$$

と書き表されることから

$$M'_x(0) = \mu_1,\ M''_X(0) = \mu_2,\ \ldots,\ M_x^{(k)}(0) = \mu_k,\ \ldots$$

によって確率変数のモーメントを計算することができる．

例 4.2 密度関数が
$$f(x) = 2(1-x) \quad (0 \leqq x \leqq 1)$$
をもつ確率変数 X のモーメント母関数は
$$\begin{aligned} M_X(t) = E[e^{tX}] &= \int e^{tx} f(x)\,dx \\ &= \int_0^1 2(1-x)e^{tx} dx = \int_0^1 2e^{tx} dx - \int_0^1 2xe^{tx} dx \\ &= \frac{2}{t}(e^t - 1) - \frac{2}{t^2} - \frac{2e^t}{t^2}(t-1) = \frac{2(e^t - t - 1)}{t^2} \end{aligned}$$
であり,これを微分すれば
$$M_X'(t) = \frac{2(e^t(t-2) + t + 2)}{t^3}$$
$$M_X''(t) = \frac{2(e^t(t^2 - 4t + 6) - 2(t+3))}{t^4}$$
を得て,
$$\lim_{t\to 0} M_X'(t) = \frac{1}{3}$$
$$\lim_{t\to 0} M_X''(t) = \frac{1}{6}$$
となるので,この確率分布の平均と分散は,
$$E[X] = \frac{1}{3}, \quad \mathrm{Var}[X] = \frac{1}{6}$$
となる. □

確率変数とモーメント母関数とは 1 対 1 に対応している.そのため,確率変数に対応するモーメント母関数での演算を行っておき,その結果でてきたモーメント母関数に対応する確率変数を求めることで,間接的に確率変数の演算を行うことができる.

ここで,モーメント母関数のいくつかの性質について述べる.確率変数 X と確率変数 Y は独立であるとする.このとき,
$$\begin{aligned} E[g(X)h(Y)] &= \iint g(x)h(y) \cdot f_{XY}(x,y)\,dxdy \\ &= \iint g(x)h(y) \cdot f_X(x) \cdot f_Y(y)\,dxdy \end{aligned}$$

4.5 モーメント母関数

$$= \int g(x)f_X(x)\,dx \cdot \int h(y)f_Y(y)\,dy$$
$$= E[g(X)]E[h(Y)]$$

より，確率変数 Y_i, Y_j $(i \neq j)$ が独立であるとき，

$$E[e^{tY_i}e^{tY_j}] = E[e^{tY_i}]E[e^{tY_j}]$$

である．

したがって，

$$M_{Y_i+Y_j}(t) = E[e^{t(Y_i+Y_j)}] = E[e^{tY_i}e^{tY_j}]$$
$$= E[e^{tY_i}]E[e^{tY_j}] = M_{Y_i}(t) \cdot M_{Y_j}(t)$$

が成立する．

また，スカラー a に対して，

$$M_{aX}(t) = E[e^{tax}] = E[e^{(at)X}] = M_X(at)$$

が成立する．

ここで，いくつかの確率分布のモーメント母関数と分布の平均と分散を求めておこう．

4.5.1 指数分布のモーメント母関数

パラメータ λ をもつ指数分布の密度関数は

$$f(x) = \lambda e^{-\lambda x} \quad (x > 0,\ \lambda > 0)$$

なので，指数分布のモーメント母関数は

$$M_X(t) = \int_0^\infty e^{tx}\lambda e^{-\lambda x}dx = \lambda\int_0^\infty e^{-(\lambda-t)x}dx = \frac{\lambda}{\lambda - t} \quad (\lambda > t)$$

となり，指数分布の平均と分散は

$$M_X'(t) = \frac{\lambda}{(\lambda-t)^2}, \quad M_X''(t) = \frac{2\lambda}{(\lambda-t)^3}$$

より

$$M_X'(0) = \frac{1}{\lambda}, \quad M_X''(0) = \frac{2}{\lambda^2}$$

から

$$E[X] = \frac{1}{\lambda}, \quad \mathrm{Var}[X] = E[X^2] - E[X]^2 = \frac{2}{\lambda^2} - \frac{1}{\lambda^2} = \frac{1}{\lambda^2}$$

と計算される.

4.5.2 ガンマ分布のモーメント母関数

パラメータ (r, λ) をもつガンマ分布の密度関数は

$$g(x) = \frac{\lambda^r}{\Gamma(r)} x^{r-1} e^{-\lambda x} \quad (x > 0, \ \lambda > 0)$$

なので,ガンマ分布のモーメント母関数は

$$\begin{aligned} M_X(t) &= \int_0^\infty e^{tx} \frac{\lambda^r}{\Gamma(r)} x^{r-1} e^{-\lambda x} dx \\ &= \frac{\lambda^r}{\Gamma(r)} \int_0^\infty x^{r-1} e^{-(\lambda-t)x} dx \\ &= \left(\frac{\lambda}{\lambda-t}\right)^r \frac{1}{\Gamma(r)} \int_0^\infty y^{r-1} e^y\, dy \\ &= \left(\frac{\lambda}{\lambda-t}\right)^r \quad (\lambda > t) \end{aligned}$$

となり,ガンマ分布の平均と分散

$$E[X] = \frac{r}{\lambda}, \quad \mathrm{Var}[X] = \frac{r}{\lambda^2}$$

が得られる.

4.5.3 カイ2乗分布のモーメント母関数

ガンマ分布において,$r = k/2$,$\lambda = 1/2$ のときの特別な分布は,自由度 k のカイ2乗分布 (χ_k^2) といわれる.上の計算結果から,自由度 k のカイ2乗分布のモーメント母関数は

$$M_X(t) = \left(\frac{2}{2-t}\right)^{k/2} \quad (2 > t)$$

となり,自由度 k のカイ2乗分布の平均と分散

$$E[X] = k, \quad \mathrm{Var}[X] = 2k$$

が得られる.

4.5.4 正規分布のモーメント母関数

平均 μ, 分散 σ^2 をもつ正規分布の密度関数は

$$f(x) = \frac{1}{\sqrt{2\pi}\sigma} \exp\left\{-\frac{(x-\mu)^2}{2\sigma^2}\right\}$$

なので，正規分布のモーメント母関数は

$$\begin{aligned}
M_X(t) &= \int_{-\infty}^{\infty} e^{tx} f(x)\, dx \\
&= \int_{-\infty}^{\infty} e^{tx} \frac{1}{\sqrt{2\pi}\sigma} \exp\left\{-\frac{(x-\mu)^2}{2\sigma^2}\right\} dx \\
&= \int_{-\infty}^{\infty} \frac{1}{\sqrt{2\pi}\sigma} \exp\left\{-\frac{(x-\mu)^2 - 2\sigma^2 tx}{2\sigma^2}\right\} dx \\
&= \exp\left(\mu + \frac{\sigma^2 t^2}{2}\right) \int_{-\infty}^{\infty} \frac{1}{\sqrt{2\pi}\sigma} \exp\left\{-\frac{\{x-(\mu t + \sigma^2 t)\}^2}{2\sigma^2}\right\} dx \\
&= \exp\left(\mu t + \frac{\sigma^2 t^2}{2}\right)
\end{aligned}$$

となる．ここに，

$$(x-\mu)^2 - 2\sigma^2 tx = \{x - (\mu + \sigma^2 t)\}^2 - 2\mu\sigma^2 t - \sigma^4 t^2$$

を使った．

特に，平均 $\mu = 0$, 分散 $\sigma^2 = 1$ をもつ正規分布のモーメント母関数は

$$M_X(t) = \exp\left(\frac{t^2}{2}\right)$$

となる．

演習問題

問 1 U を区間 $[0,1]$ での一様乱数とする．ここで**一様乱数**とは，$[0,1]$ 区間からランダムに数値が選ばれる数のことをいう．このときの確率分布関数 U は，$U(x) = x\ (0 \leqq x \leqq 1)$ を満たす．このとき，次の問いに答えよ．

(1) $1 - U$ も区間 $[0,1]$ での一様乱数となることを示せ．

(2) 確率変数 X は連続な密度関数 $f(x)$ をもち，その分布関数を $F(x)$ とする．このとき，$F^{-1}(U)$ の分布関数は $F(x)$ である．

(3) 標準指数乱数 (平均 $= 1$ の指数乱数) を U を使って生成する方法について示せ．

問 2 厳しいと評判の「確率論」の期末試験に，A 君はしっかり勉強してどの問題にも 80％の確率で解ける自信をつけた．一方，B 君は試験前夜に仲のいい友人と集まって準備したがどの問題にも 40％の確率でしか解ける自信がない．

(1) 1 問 20 点の 5 問からなる試験で，A 君が合格できる確率の近似値を求めよ．ただし，合格ラインは 60 点とする．

(2) 1 問 5 点の 20 問からなる試験で，B 君が合格できる確率の近似値を求めよ．ただし，合格ラインは 60 点とする．$\sqrt{\frac{6}{5}} = 1.095$ を用いてよい．

問 3 A 君が 1 回の勝負でディーラーに勝つ確率を p とし，A 君はディーラーに勝つまで勝負を続ける．同様に，B 君が 1 回の勝負でディーラーに勝つ確率を s とし，同様の勝負をする．

(1) A 君がディーラーに初めて勝つ確率を X とする．A 君が k 回目にディーラーに初めて勝つ確率 $P(X = k)$ を求めよ．

(2) X の期待値 $E[X]$ を求めよ．

(3) A 君が B 君よりも先にディーラーに勝つ確率 $P(X < Y)$ はいくらか．

問 4 確率変数 X_i $(i = 1, 2, 3)$ は，パラメータ 1 の指数分布に従うと仮定する．これらの最大値を L，最小値を S，中央値を D，平均を M とする．このとき，以下の問いに答えよ．

(1) D の密度関数 $u(x)$ を求めよ．

(2) D の分散 $\mathrm{Var}[D]$ を求めよ．

(3) L の平均 $E[L]$ を求めよ．

(4) S の分散 $\mathrm{Var}[S]$ を求めよ．

(5) $L + S$ の密度関数 $g(x)$ を求めよ．

(6) $L - S$ の平均 $E[L - S]$ を求めよ．

(7) M の密度関数 $h(x)$ を求めよ．

(8) M の分散 $\mathrm{Var}[M]$ を求めよ．

(9) X_1^2 の密度関数 $q(x)$ を求めよ．

問 5 確率変数 X がパラメータ λ の指数分布に従い，その密度関数を $\lambda \exp(-\lambda t)$ $(t > 0)$，確率変数 Y がパラメータ $(\lambda, 2)$ のガンマ分布に従い，その密度関数を $\lambda^2 t \exp(-\lambda t)$ $(t > 0)$ とするとき，以下の問いに答えよ．必要ならば $\Gamma(r) = \int_0^\infty \lambda^r t^{r-1} \exp(-\lambda t) \, dt$ (r が整数ならば $\Gamma(r) = (r - 1)!$) を用いてよい．

(1) ガンマ分布の平均 $E[Y]$ を求めよ．

(2) ガンマ分布の分散 $\mathrm{Var}[Y]$ を求めよ．

(3) $3X$ の密度関数を求めよ．

(4) $X+Y$ の密度関数を求めよ．
(5) $3X$ の分散と $X+Y$ の分散とではどちらが大きいか．理由をつけて示せ．

問6 半径 1 の球の表面上に点 Q が一様に分布していると仮定する．球の中心を O とし，球の表面上に北極点 N を一点定め，ON と OQ のなす角を θ とする．点 Q がランダムに与えられたとき，北極点 N から点 Q までの球の表面上での距離を確率変数 R とする．以下の問いに答えよ．
(1) 確率 $P\left(R \leq \dfrac{\pi}{2}\right)$ を求めよ．
(2) R が一定値 r となるような集合は球の表面上で曲線をなす．この曲線の長さ l を求めよ．
(3) 確率変数 R の分布関数 $F(r)$ を求めよ．
(4) 確率変数 R の密度関数 $f(r)$ を求めよ．
(5) 確率変数 R の平均 $E[R]$ を求めよ．
(6) 確率変数 R の中央値 $M[R]$ を求めよ．
(7) 確率変数 R の分散 $\mathrm{Var}[R]$ を求めよ．
(8) k 個の点 $Q_1, \ldots, Q_k$ が独立に与えられたとき，N からもっとも近い点 Q_i までの距離の確率変数を S_k とする．S_k の分布関数 $F_{S_k}(s)$ を求めよ．
(9) k 個の点 $Q_1, \ldots, Q_k$ が独立に与えられたとき，N からもっとも遠い点 Q_j までの距離の確率変数を T_k とする．T_k の分布関数 $F_{T_k}(t)$ を求めよ．
(10) $\lim_{k \to \infty}(T_k - S_k)$ を求めよ．
(11) 球の表面上での距離が R 以下である表面の面積を U とする．U の分布関数 $F_U(u)$ を示せ．
(12) k 個の点 $Q_1, \ldots, Q_k$ に対応する確率変数 $R_1, \ldots, R_k$ が与えられたとき，$W_k = \dfrac{1}{k}\sum_{i=1}^{k} R_i$ とする．W_k の平均 $E[W_k]$ と分散 $\mathrm{Var}[W_k]$ を求めよ．

5
大数の法則と中心極限定理

大数の法則とは,「確率変数の算術平均は背後に仮定された真の平均に近づいていく」というものである.したがって,サンプルの数が大きいことには十分な意味がある.

中心極限定理は,確率論の一つの到達点である.「どのような確率分布であっても,その分布に従う確率変数の和の確率分布は加える数が多くなるに従って正規分布に近づいていく」というものである.正規分布の重要性や汎用性がこのことによって示されている.

5.1 大数の法則

大数の法則とは,確率変数 X_i が独立で同一の分布に従う (independently, identically distributed：iid と略す) とき,その標本平均

$$\bar{X} = \frac{1}{n}\sum_{i=1}^{n} X_i$$

は,n が大きくなるにつれて真の平均 $E[X]$ に近づいていく,という法則である.大数の法則には弱法則と強法則があるが,ここでは弱法則を示す.

5.1.1 マルコフの不等式

大数の法則を示すために,まずマルコフの不等式を示そう.次にチェビシェフの不等式を証明するときに都合がよい.

定理 5.1 (マルコフの不等式 (Markov's inequality)) 正の値をとる確率変数 X が有限の期待値 $E[X]$ をもつとき,任意の実数 $a > 0$ に対して

5.1 大数の法則

$$X \geqq 0 \Longrightarrow P(X \geqq a) \leqq \frac{E[X]}{a} \tag{5.1}$$

が成り立つ.

【証明】
$$E[X] = \int_0^\infty x f(x)\, dx \geqq \int_a^\infty x f(x)\, dx$$
$$\geqq \int_a^\infty a f(x)\, dx = a P(X \geqq a) \blacksquare$$

5.1.2 チェビシェフの不等式

チェビシェフの不等式は，観測値が平均のまわりにどの程度のばらつきをみせるかということを示す一つの不等式である．これは定式化されていない確率分布にもあてはまる．分布の形が定式化される場合には，さらに精密な不等式を導くこともできる．

証明は，マルコフの不等式から直接導かれる．

定理 5.2 (チェビシェフの不等式 (Chebychev's inequality)) 確率変数 X の平均を μ，分散を σ^2 とするとき，任意の実数 $k > 0$ に対して

$$P(|X - \mu| \geqq k\sigma) \leqq \frac{1}{k^2} \tag{5.2}$$

が成り立つ.

【証明】 $Y = (X - \mu)^2$ として，マルコフの不等式を適用すれば，

$$P(|X - \mu| \geqq k\sigma) = P(Y \geqq k^2 \sigma^2) \leqq \frac{E[Y]}{k^2 \sigma^2} = \frac{\sigma^2}{k^2 \sigma^2} = \frac{1}{k^2}$$

となる． $\blacksquare$

5.1.3 大数の法則

まず，互いに独立な n 個の確率変数 $X_1, X_2, \ldots, X_n$ が，期待値 μ，分散 σ^2 をもつ同一の分布に従うとき，それらの和 S_n と平均 $\bar{X}$ の期待値と分散について再度確認しておく．

$$E[S_n] = E[X_1] + E[X_2] + \cdots + E[X_n] = n\mu$$
$$\mathrm{Var}[S_n] = \mathrm{Var}[X_1] + \mathrm{Var}[X_2] + \cdots + \mathrm{Var}[X_n] = n\sigma^2$$

$$E[\bar{X}] = \frac{1}{n}E[S_n] = \mu$$
$$\mathrm{Var}[\bar{X}] = \mathrm{Var}\left[\frac{1}{n}S_n\right] = \frac{1}{n^2}\mathrm{Var}[S_n] = \frac{\sigma^2}{n}$$

定理 5.3 (大数の法則)　確率変数 $X_1, X_2, \ldots, X_n$ が互いに独立で，期待値 μ，分散 σ^2 をもつ同一の分布に従うとき，それらの標本平均を $\bar{X}$ とすると，任意の $\epsilon > 0$ に対して，$n \to \infty$ のとき

$$P(|\bar{X} - \mu| \geqq \epsilon) \to 0$$

が成り立つ．これを**大数の弱法則** (laws of large numbers) という．

【証明】　$\bar{X}$ について，チェビシェフの不等式を適用すると，任意の $k > 0$ に対して，

$$P\left(|\bar{X} - \mu| \geqq k\frac{\sigma}{\sqrt{n}}\right) \leqq \frac{1}{k^2}$$

となる．ここで，$\epsilon > 0$ に対して，$k = \sqrt{n}\sigma/\epsilon$ ととれば，

$$P(|\bar{X} - \mu| \geqq \epsilon) \leqq \left(\frac{\sigma}{\sqrt{n}}\frac{1}{\epsilon}\right)^2$$
$$= \frac{\sigma^2}{n\epsilon^2} \to 0 \quad (n \to \infty)$$

となる．　■

5.2　中心極限定理

中心極限定理の証明法にはいくつかの方法があるが，ここではモーメント母関数を用いた方法を示す．

中心極限定理とは，確率変数 X_i の和

$$S_n = \sum_{i=1}^{n} X_i$$

は，n が大きくなるにつれて正規分布に近づき，その平均は各分布の平均の和に，分散は各分布の分散の和に近づいていくという定理である．これまで，正規分布の和は正規分布になり，平均と分散もこの性質をもっていることがわかっている．また，連続分布ではない，二項分布や一様分布の場合にも確率変

5.2 中心極限定理

数の和は正規分布に近づいていくことが示されている．しかし，ここで取り扱うのは，確率変数は特定のものに限らず一般的なものでも，この性質を満たすという定理である．

中心極限定理の存在意義はきわめて大きい．統計的推定や検定で使う漸近理論の骨格をなすのはこの定理であり，後々大きな役割を果たすことになる．

定理 5.4 (中心極限定理 (central limit theorem)) 確率変数 $X_1, X_2, \ldots, X_i, \ldots$ は独立で同一の分布に従っているとし，$E[X_i] = \mu$, $\mathrm{Var}[X_i] = \sigma^2$ ($i = 1, 2, \ldots, n$) とする．このとき，

$$S_n = X_1 + X_2 + \cdots + X_n$$

とすると，$n \to \infty$ のとき，

$$\frac{S_n - n\mu}{\sqrt{n}\sigma} \to N(0, 1) \tag{5.3}$$

となる．

【証明】 はじめに，確率変数 X_i を標準化した確率変数 $Z_i = \dfrac{X_i - \mu}{\sigma}$ のモーメント母関数を求める．

$$E[Z_i] = 0, \quad \mathrm{Var}[Z_i] = 1$$

であるから，

$$\begin{aligned}
M_{Z_i}(t) &= E[e^{tZ_i}] \\
&= E\left[1 + tZ_i + \frac{(tZ_i)^2}{2} + \frac{(tZ_i)^3}{3!} + \cdots\right] \\
&= 1 + \frac{t^2}{2} + \frac{t^3}{3!}E[Z_i^3] + \cdots
\end{aligned}$$

となる．4章で示したモーメント母関数の性質から，

$$T_n = Z_1 + Z_2 + \cdots + Z_n$$

とすると，

$$\begin{aligned}
M_{T_n}(t) &= \{M_{Z_i}(t)\}^n \\
&= \left\{1 + \frac{t^2}{2} + \frac{t^3}{3!}E[Z_i^3] + \cdots\right\}^n
\end{aligned}$$

を得る.さらに,T_n を標準化した $T_n/\sqrt{n}$ のモーメント母関数は4章の結果から,

$$M_{Tn/\sqrt{n}}(t) = \left\{ M_{Z_i}\left(\frac{t}{\sqrt{n}}\right) \right\}^n$$
$$= \left\{ 1 + \frac{t^2}{2n} + \cdots \right\}^n$$
$$= \left\{ 1 + \frac{t^2}{2n} + o\left(\frac{1}{n}\right) \right\}^n$$

がいえる[1].この極限をとることで

$$M_{Tn/\sqrt{n}}(t) \to \exp\left(\frac{t^2}{2}\right) \quad (n \to \infty)$$

となる.

ところで,正規分布のモーメント母関数は

$$M_X(t) = \exp\left(\mu t + \frac{\sigma^2 t^2}{2}\right)$$

であったから

$$\exp\left(\frac{t^2}{2}\right)$$

は標準正規分布のモーメント母関数となる.モーメント母関数と確率変数とは1対1に対応しているので,

$$\frac{T_n}{\sqrt{n}} \sim N(0,1)$$

が証明された.これから,

$$T_n \sim N(0,n), \text{ あるいは } S_n = \sum X_i \sim N(n\mu, n\sigma^2)$$

となる. ∎

---

[1] ここで,o はランダウの記号である.

演習問題

問1 「3人寄れば文殊の知恵」という．これは確率的に正しいだろうか？ いま，ある能力をもつ人が二者択一の問題を解ける確率を p とし，同じ能力をもつ $2m+1$ 人がそれぞれこの問題を解き問題の解答を多数決で決める．多数決の結果が正解となる確率を P_{2m+1} とする．以下の問いに答えよ．

(1) P_3 を p で表せ．
(2) $p = 2/3$ のとき P_{81} の近似値を求めよ．
(3) $p = 1/3$ のとき $\lim_{m \to \infty} P_{2m+1}$ を求めよ．

問2 ふたご座流星群が活動ピークの極大日になる．1時間あたりの流星数は多いときには100個近くに達すると予想されている．ただ，たまたま空を見て見つけることができるのはこのうち1つ程度．見たときにはあまりの美しさに "wow" と声が出てしまうとか．2013年12月14日，みんなで見ようと大学キャンパスの運動場に100人が集まったそうだ．以下の問いに答えよ．必要ならば $e \approx 2.7$ を用いてよい．

(1) ちょうど100個の流星が出たとき，参加する予定のA君が一度も "wow" と言わない確率の近似値を求めよ．
(2) ちょうど100個の流星が出たとき，"wow" と言う声が100回 (声の重なりは複数に数える) 以上聞こえる確率の近似値を求めよ．
(3) ちょうど100個の流星が出たとき，"wow" と言う声が50回 (1つの流星に声が複数あっても1回と数える) 以上聞こえる確率の近似値を求めよ．
(4) 流星が出るのはポアソン分布に従っていると仮定したとき，参加予定のA君が1回だけ "wow" と言う確率の近似値を求めよ．

6
推　　定

　統計学では，母集団を特徴づけるパラメータ(平均や分散など)の値について，母集団から抽出した標本に基づいて推測したり，基準値との比較を行ったりする．その方法には大きく分けて2通りある．一つは母集団に含まれる個体のある項目に関する数値の分布が，特定のパラメータをもつ確率分布と等しいと仮定する**パラメトリック**な手法である．仮定した確率分布のことを**母集団分布**とよぶ．パラメトリックな手法では，仮定した母集団分布のパラメータ(例えば正規分布を母集団分布と仮定した場合には，μやσ)が推測や比較の対象となる．一方，母集団に特定の確率分布を定めない**ノンパラメトリック**な手法もある．本書ではパラメトリックな手法について解説する．

6.1　点　推　定

　母集団から抽出された標本を使って計算した平均値を，母集団の平均(母平均)の推定値とすることは自然なことと思われる．このことは大数の法則が一つの理論的根拠になっている．すなわち，標本サイズnを大きくすれば，標本から計算した平均値が(確率的に)母平均に近づくということである．それでは，標本から計算した平均値が唯一最適な母平均の推定値であろうか．また，例えば分散などの平均以外の母集団のパラメータについての推定についてはどうだろうか．ここでは，母集団のパラメータを標本から計算した一つの値によって推定する場合に，その値の妥当性を判断するためのいくつかの基準について説明する．

　1つの母集団から無作為に復元抽出された大きさnの標本を$X_1, X_2, \ldots, X_n$とする．このことは，$X_1, X_2, \ldots, X_n$が独立で同一の確率分布に従うこと

6.1 点推定

等しい．同一の確率分布に従っているから，母平均を μ, 母分散を σ^2 とするとき，$i = 1, 2, \ldots, n$ に対して

$$E[X_i] = \mu, \quad \mathrm{Var}[X_i] = \sigma^2$$

が成り立っていると考える．標本から計算した平均値は，n 個の確率変数の関数である

$$\bar{X} = \frac{1}{n}(X_1 + X_2 + \cdots + X_n)$$

の実現値と考えられる．この実現値によって，母平均 μ の推定値とする．

一般に，母集団についてのあるパラメータ θ について大きさ n の標本 $X_1, X_2, \ldots, X_n$ の関数 $\widehat{\theta}(X_1, X_2, \ldots, X_n)$ の実現値によって推定する場合，確率変数の関数 $\widehat{\theta}$ のことをパラメータ θ の**推定量** (estimator) とよぶ．この言葉を使えば，標本平均 $\bar{X}$ は母平均 μ の一つの推定量であるといえる．推定量の実現値を**推定値** (estimate) とよぶ．

6.1.1 不偏性

標本平均 $\bar{X}$ については，これまでにも述べたように

$$\begin{aligned} E[\bar{X}] &= \frac{1}{n}\{E[X_1] + E[X_2] + \cdots + E[X_n]\} \\ &= \frac{1}{n}(\mu + \mu + \cdots + \mu) = \mu \end{aligned}$$

が成り立つ．すなわち，標本平均の実現値は標本ごとに変化し，標本平均はある確率分布をもつ一方で，その期待値は母平均に一致するということである．これは推定量の望ましい性質の一つであり，この性質は一般には以下のようにまとめられる．

> **定義 6.1** 母集団のパラメータ θ のある推定量を $\widehat{\theta}$ とする．
> $$E[\widehat{\theta}] = \theta$$
> が成り立つとき，$\widehat{\theta}$ を θ の**不偏推定量** (unbiased estimator) とよぶ．

例 6.1 母集団から無作為に復元抽出された大きさ n の標本 $X_1, X_2, \ldots, X_n$ に対して，

- 標本平均 $\bar{X}$ は $E[\bar{X}] = \mu$ となるので，$\bar{X}$ は μ の不偏推定量である．

- X_1 は $E[X_1] = \mu$ となるので,X_1 は μ の不偏推定量である.
- $2X_1 + 0.5X_n$ は

$$E[2X_1 + 0.5X_n] = 2E[X_1] + 0.5E[X_n] = 2\mu + 0.5\mu = 2.5\mu$$

となるので,$2X_1 + 0.5X_n$ は μ の不偏推定量とはならない. □

母分散の不偏推定量

これまでは,母平均を例にとってきた.では,母分散についてはどうだろうか.n 個の観測値 $x_1, x_2, \ldots, x_n$ の分散は

$$s^2 = \frac{1}{n} \sum_{i=1}^{n} (x_i - \bar{x})^2$$

で定義した.これは,確率変数として考えれば,母集団から無作為に復元抽出された大きさ n の標本 $X_1, X_2, \ldots, X_n$ に対する

$$S^2 = \frac{1}{n} \sum_{i=1}^{n} (X_i - \bar{X})^2$$

の実現値であるとみなせる.これを母分散の一つの推定量とするのは自然なように思える.そこで,不偏推定量となっているかを確認する.

$$\begin{aligned}
E[S^2] &= \frac{1}{n} E\left[\sum_{i=1}^{n} (X_i - \bar{X})^2\right] \\
&= \frac{1}{n} E\left[\sum_{i=1}^{n} \left((X_i - \mu) - (\bar{X} - \mu)\right)^2\right] \\
&= \frac{1}{n} E\left[\sum_{i=1}^{n} (X_i - \mu)^2 - 2(\bar{X} - \mu) \sum_{i=1}^{n} (X_i - \mu) + n(\bar{X} - \mu)^2\right] \\
&= \frac{1}{n} E\left[\sum_{i=1}^{n} (X_i - \mu)^2 - 2n(\bar{X} - \mu)^2 + n(\bar{X} - \mu)^2\right] \\
&= \frac{1}{n} \left\{\sum_{i=1}^{n} E[(X_i - \mu)^2] - nE[(\bar{X} - \mu)^2]\right\} \\
&= \frac{1}{n} \left(n\sigma^2 - n\frac{\sigma^2}{n}\right) = \frac{n-1}{n} \sigma^2
\end{aligned}$$

したがって,S^2 は σ^2 の不偏推定量とはならない.この結果から,n がそれほど大きくない場合に S^2 の実現値で母分散を推定しようとすると,平均的には過小推定となることがわかる.一方,

6.1 点推定

$$U^2 = \frac{1}{n-1}\sum_{i=1}^{n}(X_i - \bar{X})^2$$

とするとき，

$$E[U^2] = E\left[\frac{n}{n-1}S^2\right] = \frac{n}{n-1}\frac{n-1}{n}\sigma^2 = \sigma^2$$

となるので，U^2 は σ^2 の不偏推定量となる．この U^2 を**不偏分散** (unbiased variance)[1] とよぶ．

例 6.2 図 6.1 は，標準正規分布 $N(0,1)$ を母集団分布としてもつ母集団から，大きさ 4 の標本を抽出して，標本分散の実現値 s^2 および不偏分散の実現値 u^2 を計算することを 5000 回繰り返したときの，s^2 および u^2 のヒストグラムである．それぞれ点線で示されている s^2 の平均値は 0.75，u^2 の平均値は 1.00 となっており，u^2 の平均値は母分散と一致している．s^2 では平均的には過小推定となることが確認できる． □

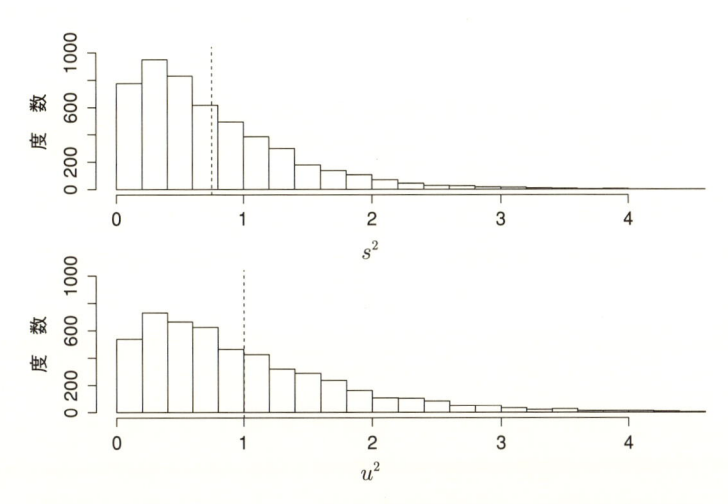

図 6.1 乱数シミュレーションによる標本分散 s^2 と不偏分散 u^2 の比較

---

1) U^2 の実現値 $u^2 = \frac{1}{n-1}\sum_{i=1}^{n}(x_i - \bar{x})^2$ を観測値の分散として定義している教科書もある．また，表計算ソフトや統計解析ソフトの機能で観測値の分散を計算させる場合，u^2 が計算結果として出力されることが多い．s^2 と u^2 のどちらが分散として出力されるのかはマニュアル等で確認しておくとよい．

6.1.2 一致性

標本平均 $\bar{X}$ については,大数の法則より,任意の $\epsilon > 0$ に対して

$$\lim_{n \to \infty} P(|\bar{X} - \mu| < \epsilon) = 1$$

が成り立つ.これは,母集団のパラメータ μ の推定量である $\bar{X}$ は標本サイズ n を十分大きくとれば,その観測値 (推定値) は μ とのずれをどんなに小さい値にでも抑えることができることを意味する.この性質を一般のパラメータ θ とその推定量 $\widehat{\theta}$ に一般化すると,以下のようになる.

定義 6.2 母集団のパラメータ θ のある推定量を $\widehat{\theta}$ とする.任意の $\epsilon > 0$ に対して

$$\lim_{n \to \infty} P(|\widehat{\theta} - \theta| < \epsilon) = 1$$

が成り立つとき,$\widehat{\theta}$ を θ の**一致推定量** (consistent estimator) とよぶ.

もちろん,標本平均 $\bar{X}$ は母平均 μ の一致推定量である.また,証明は省略するが,標本分散 S^2,不偏分散 U^2 は母分散 σ^2 の一致推定量である.

問 6.1 標本分散,不偏分散は母分散の一致推定量であることを示せ.

6.1.3 有効性

例えば,標本サイズ n の標本 $X_1, X_2, \ldots, X_n$ を昇順に並べ替えて,$X_{(1)}, X_{(2)}, \ldots, X_{(n)}$ としたとき,最大値と最小値を除外して求めた平均

$$\tilde{X} = \frac{1}{n-2}(X_{(2)} + X_{(3)} + \cdots + X_{(n-1)})$$

は不偏推定量であり,一致推定量でもある.標本平均 $\bar{X}$ と比べて,どちらが良い μ の推定量であるといえるだろうか.

それぞれの推定量について,

$$\mathrm{Var}[\bar{X}] = \frac{\sigma^2}{n}, \quad \mathrm{Var}[\tilde{X}] = \frac{\sigma^2}{n-2}$$

が成り立つ.すなわち,推定量の分散は $\bar{X}$ のほうが小さく,推定量の安定性は $\bar{X}$ が $\tilde{X}$ よりも優れているといえるだろう.推定量の分散については,以下の定理が重要である.

6.1 点推定

定理 6.1 (クラメール・ラオの下限と有効推定量) パラメータ θ をもつ母集団分布の密度関数を $f(x;\theta)$ とする. θ の不偏推定量を $\widehat{\theta}$ とするとき, f と $\widehat{\theta}$ がある条件[2]を満たせば,

$$\mathrm{Var}[\widehat{\theta}] \geqq \frac{1}{nE\left[\left(\frac{\partial}{\partial \theta}\log f(X;\theta)\right)^2\right]}$$

が成り立つ. 等号が成り立つとき, $\widehat{\theta}$ を θ の**有効推定量** (efficient estimator) といい, 上式の右辺を**クラメール・ラオの下限** (Cramer-Rao's lower bound) とよぶ.

例 6.3 標本平均 $\bar{X}$ は, 母平均 μ の有効推定量であることを示す. クラメール・ラオの下限の分母に現れる式は

$$\begin{aligned}
\frac{\partial}{\partial \mu}\log f(X;\mu) &= \frac{\partial}{\partial \mu}\log\left\{\frac{1}{\sqrt{2\pi}\sigma}\exp\left\{-\frac{(X-\mu)^2}{2\sigma^2}\right\}\right\} \\
&= \frac{\partial}{\partial \mu}\left\{-\log(\sqrt{2\pi}\sigma) - \frac{(X-\mu)^2}{2\sigma^2}\right\} \\
&= \frac{X-\mu}{\sigma^2}
\end{aligned}$$

となるから, クラメール・ラオの下限の逆数は

$$nE\left[\left(\frac{\partial}{\partial \mu}\log f(X;\mu)\right)^2\right] = \frac{n}{\sigma^4}E[(X-\mu)^2] = \frac{n}{\sigma^2}$$

となる. ゆえに, クラメール・ラオの下限は $\dfrac{\sigma^2}{n}$ となり, これは母平均 μ の推定量 $\bar{X}$ の分散と等しい. □

6.1.4 最尤推定

確率変数 $\boldsymbol{X} = (X_1, X_2, \ldots, X_n)$ は, パラメータ $\theta = (\theta_1, \theta_2, \ldots, \theta_K)$ をもつ確率分布に従っており, その密度関数は $f(\boldsymbol{x}|\theta)$ であるとする. その確率分布をもつ母集団から一組の観測値 $\boldsymbol{x} = (x_1, x_2, \ldots, x_n)$ を得たとき, $f(\boldsymbol{x}|\theta)$ を θ の関数 $f(\theta|\boldsymbol{x})$ とみなすことができる. これは, さまざまなパラメータ θ が, 実際に得られた特定の観測値をどの程度起こりやすくするか (θ が実際に得ら

---

[2] 詳しくは数理統計学のテキスト等を参照のこと.

れた特定の観測値に対してどの程度もっともらしいか) を示す指標となる．そのような意味で，$f(\theta|\boldsymbol{x})$ のことを**尤度関数**[3]とよび，$l(\theta)$ で表す．

最尤推定法 (method of maximum likelihood estimation) は，母集団からもっとも尤らしい (出現しやすい) 観測値が実現したと考えて，パラメータ θ を推定する方法である．つまり，尤度関数を最大とするような $\widehat{\theta} = (\widehat{\theta}_1, \widehat{\theta}_2, \ldots, \widehat{\theta}_K)$ を θ の推定値とするものである．この推定値を確率変数 X_i の関数として表現して，θ の推定量としたとき，この推定量のことを**最尤推定量** (maximum likelihood estimator) とよぶ．

ここでは，$X_1, X_2, \ldots, X_n$ が独立に同一の分布に従う場合を考える．この分布の確率密度関数を $f(x_i|\theta)$ とすると，$X_1, X_2, \ldots, X_n$ の同時分布の確率密度関数は

$$f(\boldsymbol{x}|\theta) = f(x_1|\theta)f(x_2|\theta)\cdots f(x_n|\theta)$$
$$= \prod_{i=1}^{n} f(x_i|\theta)$$

と書ける．これを，観測値 $x_1, x_2, \ldots, x_n$ に対する θ の尤度関数とみなして，

$$l(\theta) = \prod_{i=1}^{n} f(\theta|x_i)$$

とする．$l(\theta)$ を最大化するパラメータ θ を求めるためには，対数をとった**対数尤度関数** (log likelihood function)

$$L(\theta) = \log\{f(\theta|x_i)\} = \sum_{i=1}^{n} \log f(\theta|x_i)$$

を各 θ_i で偏微分して 0 とおいた連立方程式

$$\frac{\partial L(\theta)}{\partial \theta_i} = 0 \quad (i = 1, 2, \ldots, K)$$

を解けばよい．解析的に解けない場合は，コンピュータによる数値計算を用いることになる．

例6.4 母集団分布 $N(\mu, \sigma^2)$ をもつ母集団から，大きさ n の標本 $X_1, X_2, \ldots, X_n$ が無作為抽出されたとする．このとき，μ, σ^2 の最尤推定量を求めなさい．

【解】$i = 1, 2, \ldots, n$ に対して，$X_i \sim N(\mu, \sigma^2)$ であるから，それらの確率密度関数は

---

[3] もっともらしい (尤もらしい) 度合いのこと：尤度．

6.2 区間推定

$$f(x_i|\mu,\sigma^2) = \frac{1}{\sqrt{2\pi\sigma^2}} \exp\left\{-\frac{(x_i-\mu)^2}{2\sigma^2}\right\}$$

と書ける．したがって，対数尤度関数は

$$L(\mu,\sigma^2) = \sum_{i=1}^{n} \log f(\mu,\sigma^2|x_i)$$

$$= -\sum_{i=1}^{n} \log(\sqrt{2\pi\sigma^2}) - \sum_{i=1}^{n} \frac{(x_i-\mu)^2}{2\sigma^2}$$

となる．これを μ および σ^2 で偏微分すると，

$$\frac{\partial L(\mu,\sigma^2)}{\partial \mu} = \frac{1}{2\sigma^2} 2\sum_{i=1}^{n}(x_i-\mu) = \frac{n}{\sigma^2}(\bar{x}-\mu)$$

$$\frac{\partial L(\mu,\sigma^2)}{\partial \sigma^2} = -\frac{n}{2\sigma^2} + \frac{1}{2(\sigma^2)^2}\sum_{i=1}^{n}(x_i-\mu)^2$$

となる．これらをそれぞれ 0 とおいて，μ,σ^2 について解くと

$$\mu = \bar{x}, \quad \sigma^2 = \frac{1}{n}\sum_{i=1}^{n}(x_i-\bar{x})^2$$

が得られる．したがって，μ,σ^2 の最尤推定量 $\hat{\mu},\hat{\sigma}^2$ はそれぞれ，

$$\hat{\mu} = \bar{X} \tag{6.1}$$

$$\hat{\sigma}^2 = \frac{1}{n}\sum_{i=1}^{n}(X_i-\bar{X})^2 \tag{6.2}$$

となる． □

問 6.2 平均 λ のポアソン分布 $Po(\lambda)$ をもつ母集団から，大きさ n の標本 $X_1, X_2, \ldots, X_n$ が無作為抽出されたとする．このとき，λ の最尤推定量を求めよ．

6.2 区間推定

これまで，母集団分布のパラメータを推定するための推定量の性質についてみてきた．それでは，実際に得られた標本から計算した推定量のたった一つの実現値でそのパラメータの推定値としてよいだろうか．仮に別の標本が得られたとすると，その値は変わる可能性が高く，1 つの推定値だけで具体的な判断をするのは危険である．ここでは，推定量の分布に基づいた精度の情報を推定

値に加えることにより，一定の幅をもった区間でパラメータを推定する方法について説明する．このような推定方法を**区間推定** (interval estimation) といい，得られた区間のことを**信頼区間** (confidence interval) とよぶ．

6.2.1 正規母集団の母平均 μ に関する区間推定

ある加工食品の生産工場で製造される製品について，それらの重量の平均を知りたいとする．すべての製品を調べるわけにはいかないので，いくつかの製品の重さ $X_1, X_2, \ldots, X_n$ を調べて，全体の平均 μ を $\bar{X}$ により推定する．経験的に重量は，正規分布 $N(\mu, \sigma^2)$ に従うと仮定できるとしよう．このとき，μ の信頼区間を構成する方法について説明する．そのために，正規分布に関する以下の性質はおさえておく必要がある．

定理 6.2 正規分布に従う確率変数 $X \sim N(\mu, \sigma^2)$ に対して，

$$P(\mu - 1.645\sigma \leqq X \leqq \mu + 1.645\sigma) = 0.90 \tag{6.3}$$

$$P(\mu - 1.960\sigma \leqq X \leqq \mu + 1.960\sigma) = 0.95 \tag{6.4}$$

$$P(\mu - 2.576\sigma \leqq X \leqq \mu + 2.576\sigma) = 0.99 \tag{6.5}$$

が成り立つ．

問 6.3 上の定理を確認せよ．例えば，

$$P(\mu - a\sigma \leqq X \leqq \mu + a\sigma) = 0.95$$

とおいて，カッコ内の式を標準化し，正規分布表を調べることによって a の値が求まる．

1) 母分散 σ^2 が既知の場合

標本サイズ n の標本 $X_1, X_2, \ldots, X_n$ が正規分布 $N(\mu, \sigma^2)$ に従うとする．その標本平均について

$$\bar{X} \sim N\left(\mu, \frac{\sigma^2}{n}\right)$$

であるから，式 (6.4) を $\bar{X}$ に適用すると，

$$P\left(\mu - 1.960\frac{\sigma}{\sqrt{n}} \leqq \bar{X} \leqq \mu + 1.960\frac{\sigma}{\sqrt{n}}\right) = 0.95 \tag{6.6}$$

が成り立つ．つまり，$\bar{X}$ の実現値の 95％ は区間 $[\mu - 1.960\sigma/\sqrt{n}, \mu + 1.960\sigma/\sqrt{n}]$ に入るということである．カッコ内の式を μ について変形してみると

6.2 区間推定

$$-\bar{X} - 1.960\frac{\sigma}{\sqrt{n}} \leqq -\mu \leqq -\bar{X} + 1.960\frac{\sigma}{\sqrt{n}}$$

したがって，

$$\bar{X} - 1.960\frac{\sigma}{\sqrt{n}} \leqq \mu \leqq \bar{X} + 1.960\frac{\sigma}{\sqrt{n}} \tag{6.7}$$

となる．したがって，

$$P\left(\bar{X} - 1.960\frac{\sigma}{\sqrt{n}} \leqq \mu \leqq \bar{X} + 1.960\frac{\sigma}{\sqrt{n}}\right) = 0.95 \tag{6.8}$$

が成り立つ．

この式は，$\bar{X}$ の実現値 $\bar{x}$ により構成された区間のうち 95% は，その区間の中に母平均 μ を含んでいるということを意味する．式 (6.7) に $\bar{X}$ の実現値 $\bar{x}$ を代入して得られる μ についての不等式を μ の **95 パーセント信頼区間**とよぶ．また，95% という値については実際問題に応じて任意に設定できるもので，**信頼度** (confidence level) とよぶ．

例 6.5 正規母集団 $N(0, 10)$ から大きさ 10 の標本 $X_1, X_2, \ldots, X_{10}$ を無作為に抽出したとする．このとき，標本平均 $\bar{X}$ は標準正規分布 $N(0, 1)$ に従う．式 (6.8) において，$\sigma = \sqrt{10}$, $n = 10$ とすると，

$$P\left(\bar{X} - 1.960 \leqq \mu \leqq \bar{X} + 1.960\right) = 0.95$$

が成り立つ．

実際に，正規分布に従う乱数を 10 個発生させて，平均値を計算し，95 パーセント信頼区間を求めることを 100 回繰り返す．図 6.2 の左のプロットは，100

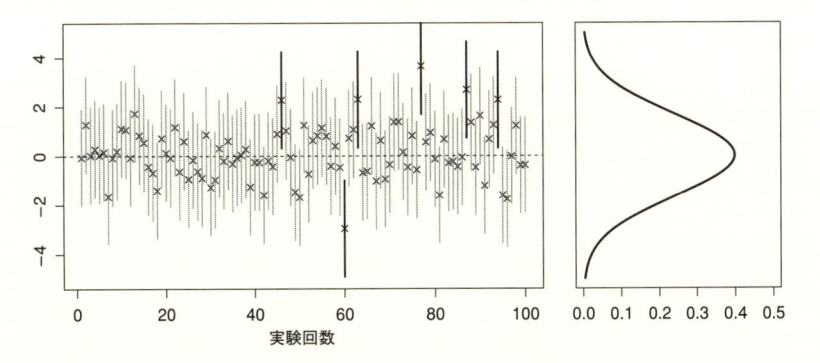

図 6.2 正規母集団 $N(0, 10)$ の母平均 μ に対する信頼区間のシミュレーション

回分の μ に対する信頼区間を図示したものである．右のグラフは，標本平均 $\bar{X}$ の確率分布 $N(0,1)$ の密度関数を示している．ほとんどの信頼区間が母平均である $\mu = 0$ を含んでいるが，この例では太線で示された 100 回中 6 回の信頼区間が母平均を含んでいない．実務上は，このように何度も信頼区間を計算できることはなく，この中の 1 つが得られるものと考えるべきだろう． □

任意の信頼度に対する母平均 μ の信頼区間についてまとめると，以下のようになる．

母分散 σ^2 が既知の場合の母平均 μ の信頼区間

母集団分布が $N(\mu, \sigma^2)$ である母集団から，大きさ n の標本 $X_1, X_2, \ldots, X_n$ の標本平均 $\bar{X}$ の実現値 $\bar{x}$ を得たとする．このとき，母平均 μ の 100α パーセント信頼区間は

$$\bar{x} - \Phi^{-1}\left(\frac{1+\alpha}{2}\right)\frac{\sigma}{\sqrt{n}} \leqq \mu \leqq \bar{x} + \Phi^{-1}\left(\frac{1+\alpha}{2}\right)\frac{\sigma}{\sqrt{n}} \quad (6.9)$$

である．ここで，

$$\Phi^{-1}\left(\frac{1+\alpha}{2}\right)$$

は標準正規分布における $100(1+\alpha)/2$ パーセント点である．$\alpha = 0.90, 0.95, 0.99$ のとき，それぞれ $1.645, 1.960, 2.576$ となる．

例 6.6 ある加工食品の生産工場で製造される製品について，20 個を無作為に抽出して重さの平均値を計算したら 345 g となった．製品全体の重さの分布が標準偏差が 5 g の正規分布に従うと仮定して，母平均 μ の 90 パーセント信頼区間を求めよ．

【解】 抽出した製品の重さを $X_1, X_2, \ldots, X_{20} \sim N(\mu, 5^2)$ とすると，標本平均 $\bar{X}$ は正規分布 $N(\mu, 5^2/20)$ に従う．信頼度を 90％ とするとき，

$$\Phi^{-1}\left(\frac{1+0.90}{2}\right) = \Phi^{-1}(0.95) = 1.645$$

であるから，母平均 μ の 90 パーセント信頼区間は，式 (6.9) より

$$345 - 1.645\frac{5}{\sqrt{20}} \leqq \mu \leqq 345 + 1.645\frac{5}{\sqrt{20}}$$

であるから，$343 \leqq \mu \leqq 347$ となる． □

6.2 区間推定

信頼区間の性質　信頼区間について，以下の点はおさえておくべきであろう．

- 信頼度を固定する場合，標本サイズ n が大きいほど，信頼区間の幅は狭くなる．
- 標本サイズを固定する場合，信頼度が大きいほど，信頼区間の幅は広くなる．

1番目については，幅を決定する項の分母に n が含まれていることからわかる．これは標本平均の一致性に由来するものである．2番目については，確率分布の性質から明らかである．

2) 母分散 σ^2 が未知の場合

これまでの議論では，母集団分布の分散 σ^2 が既知の定数であることを暗黙のうちに仮定していた．しかし，実務上，その仮定ができないことが多い．その場合には，σ^2 の推定量として，前に述べた不偏分散

$$U^2 = \frac{1}{n-1} \sum_{i=1}^{n} (X_i - \bar{X})^2 \tag{6.10}$$

を用いる．このとき，以下の統計量[4]

$$T = \frac{\bar{X} - \mu}{U/\sqrt{n}} \tag{6.11}$$

は定理 4.1 より，自由度 $n-1$ の t 分布に従う．このとき，t 分布の性質から

$$P\left(-t_{n-1}\left(\frac{1+\alpha}{2}\right) \leqq T \leqq t_{n-1}\left(\frac{1+\alpha}{2}\right)\right) = \alpha \tag{6.12}$$

が成り立つ．ただし，$t_{n-1}\left(\frac{1+\alpha}{2}\right)$ は自由度 $n-1$ の t 分布の $100(1+\alpha)/2$ パーセント点である．図 6.3 は $n=8, \alpha=0.95$ の場合の T の区間を示したものである．σ^2 が既知の場合と同様に，カッコ内を μ についての式に変形する．

$$-t_{n-1}\left(\frac{1+\alpha}{2}\right) \leqq \frac{\bar{X} - \mu}{U/\sqrt{n}} \leqq t_{n-1}\left(\frac{1+\alpha}{2}\right)$$

よって，

$$\bar{X} - t_{n-1}\left(\frac{1+\alpha}{2}\right) \frac{U}{\sqrt{n}} \leqq \mu \leqq \bar{X} + t_{n-1}\left(\frac{1+\alpha}{2}\right) \frac{U}{\sqrt{n}}$$

---

[4] $\bar{X}$ を σ の代わりに U を用いて標準化したようなもの．σ が定数であれば標準正規分布に従うが，U は確率変数であるため正規分布とは異なる分布となる．

図 6.3 式 (6.12)：$n=8, \alpha=0.95$ の場合

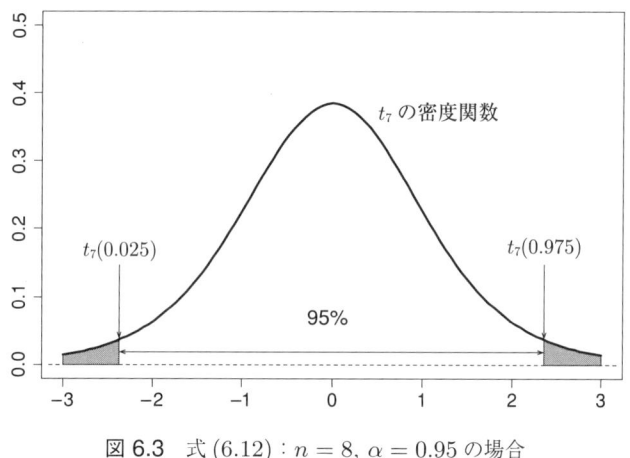

$\bar{X}$ や U の実現値は標本ごとに変化し，上の式に実現値を代入して得られる区間も標本ごとに変化する．それらの区間のうち，$100\alpha\%$ は μ を含んでいると考えればよい．母分散が未知の場合の，任意の信頼度に対する母平均 μ の信頼区間についてまとめると，以下のようになる．

母分散 σ^2 が未知の場合の母平均 μ の信頼区間

母集団分布が $N(\mu, \sigma^2)$ である母集団から，大きさ n の標本 $X_1, X_2, \ldots, X_n$ の標本平均 $\bar{X}$ の実現値 $\bar{x}$ および，不偏分散 U^2 の実現値 u^2 を得たとする．母分散 σ^2 が未知のとき，母平均 μ の 100α パーセント信頼区間は

$$\bar{x} - t_{n-1}\left(\frac{1+\alpha}{2}\right)\frac{u}{\sqrt{n}} \leqq \mu \leqq \bar{x} + t_{n-1}\left(\frac{1+\alpha}{2}\right)\frac{u}{\sqrt{n}} \quad (6.13)$$

である．ここで，

$$t_{n-1}\left(\frac{1+\alpha}{2}\right)$$

は自由度 $n-1$ の t 分布の $100(1+\alpha)/2$ パーセント点である．

例 6.7 ある湖の水質を調べるために，湖のある地点で pH (水素イオン指数) を 8 回測定した．その結果は，

$$7.4,\ 8.3,\ 7.7,\ 7.6,\ 8.0,\ 7.9,\ 7.9,\ 8.1$$

であった．pH の測定値は正規分布 $N(\mu, \sigma^2)$ に従うと仮定して，その地点にお

けるpHの平均 μ の95パーセント信頼区間を求めよ．

【解】 測定したpHを $X_1, X_2, \ldots, X_8 \sim N(\mu, \sigma^2)$ とすると，

$$T = \frac{\bar{X} - \mu}{U/\sqrt{n}}$$

は自由度7の t 分布に従う．信頼度を95％とするとき，

$$t_7\left(\frac{1 + 0.95}{2}\right) = t_7(0.975) = 2.365$$

である．また，標本平均 $\bar{X}$ と不偏分散 U^2 の実現値はそれぞれ

$$\bar{x} = \frac{1}{8}(7.4 + 8.3 + \cdots + 8.1) = 7.86$$

$$u^2 = \frac{1}{7}(7.4^2 + 8.3^2 + \cdots + 8.1^2 - 8 \cdot 7.86) = 0.0827$$

となる．したがって，母平均 μ の95パーセント信頼区間は，式 (6.13) より

$$7.86 - 2.365\frac{\sqrt{0.0827}}{\sqrt{8}} \leqq \mu \leqq 7.86 + 2.365\frac{\sqrt{0.0827}}{\sqrt{8}}$$

であるから，$7.6 \leqq \mu \leqq 8.1$ となる． □

6.2.2 母比率 p の区間推定

さまざまなメディアでテレビ番組の視聴率が話題になることが多い．ある番組の視聴率とは，その番組を見ている世帯数の，テレビを所有している全世帯数に対する割合である．この視聴率はどのように調べられているのだろうか．例えば，関東地区の世帯数はおよそ1800万世帯である．もちろん，これらをすべて調べるわけにはいかない．したがって，一部世帯 (600世帯程度) を標本として抽出し，どの番組を見ているかを調査する．この標本における視聴率，つまり600世帯中何世帯がその番組を見ていたかが，調査の結果として公開されるのである．

この数値はどの程度確からしいのか．別の標本が抽出された場合にどの程度数値が変動するのだろうか．ここでは，母集団における視聴率 (母比率) p の区間推定により，この問いに答える．

母集団 (= 全世帯) において，$100p$％の世帯がある番組 A を見ていたとする．このとき，番組 A を見ていない世帯の割合は $100(1-p)$％である．母集

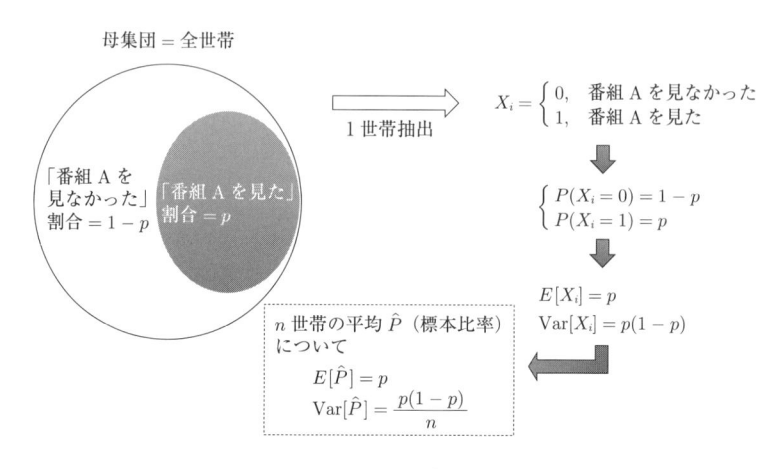

図 6.4 標本比率 $\widehat{P}$ の概念図

団から 1 世帯だけ抽出したとき，その世帯が番組 A を見ていたら 1，見ていなかったら 0 となるような確率変数 X を考える．すなわち

$$X = \begin{cases} 0, & \text{番組 A を見なかった} \\ 1, & \text{番組 A を見た} \end{cases}$$

とする．このとき，

$$P(X = 0) = 1 - p, \quad P(X = 1) = p$$

であるから，X の期待値，分散はそれぞれ

$$E[X] = p, \quad \mathrm{Var}[X] = p(1-p)$$

となる．X は二項分布 $B(1, p)$ に従うと考えることもできる．ここで，母集団分布が $B(1, p)$ である母集団から n 世帯を無作為に抽出した結果を $X_1, X_2, \ldots, X_n$ とする．それらの標本平均

$$\widehat{P} = \frac{1}{n} \sum_{i=1}^{n} X_i$$

は，標本として抽出された世帯において番組を見ていた世帯の比率と解釈できるため，特に**標本比率** (sample ratio) とよぶ．$\widehat{P}$ について，$X_1, X_2, \ldots, X_n$ が独立かつ同一の分布に従うと考えられることから

$$E[\widehat{P}] = p, \quad \mathrm{Var}[\widehat{P}] = \frac{p(1-p)}{n}$$

6.2 区間推定

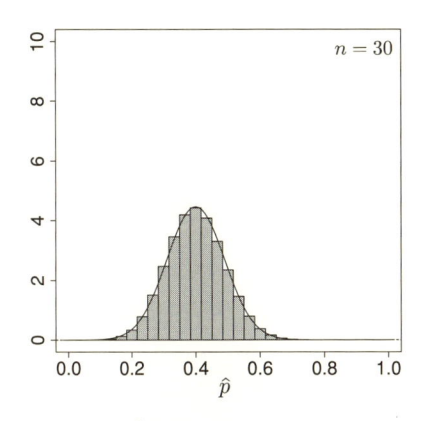

図 6.5 $\widehat{P}$ の分布：$p = 0.4, n = 30$ のとき

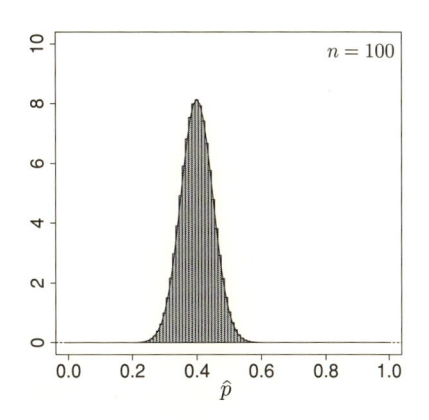

図 6.6 $\widehat{P}$ の分布：$p = 0.4, n = 100$ のとき

が成り立つ．さらに，n が十分大きいとき，前述の中心極限定理から，$\widehat{P}$ は平均 p, 分散 $p(1-p)/n$ の正規分布に従う．すなわち，

$$\widehat{P} \sim N\left(p, \frac{p(1-p)}{n}\right) \tag{6.14}$$

が成り立つ．図 6.5, 6.6 はそれぞれ，$p = 0.4, n = 30$; $p = 0.4, n = 100$ のときの $\widehat{P}$ の分布を示している．曲線は近似された正規分布の密度関数であり，棒の高さは $\widehat{p}$ の値に対する二項確率である．

これより，母集団において番組 A を見ていた世帯の比率 p (母比率) に関する信頼区間を構成することができる．ここでは 95 パーセント信頼区間を考えてみよう．$\widehat{P}$ を標準化して考えると，式 (6.4) において $\mu = 0, \sigma = 1$ として，

$$P\left(-1.960 \leqq \frac{\widehat{P} - p}{\sqrt{p(1-p)/n}} \leqq 1.960\right) = 0.95$$

が成り立つ．カッコ内について

$$n(\widehat{P} - p)^2 \leqq 1.960^2 p(1-p)$$

より，これを p について解いて，$1.960/n$ の項を無視すると

$$\widehat{P} - 1.960\sqrt{\frac{\widehat{P}(1-\widehat{P})}{n}} \leqq p \leqq \widehat{P} + 1.960\sqrt{\frac{\widehat{P}(1-\widehat{P})}{n}}$$

が得られる．$\widehat{P}$ をその実現値で置き換えた以下の式

$$\widehat{p} - 1.960\sqrt{\frac{\widehat{p}(1-\widehat{p})}{n}} \leq p \leq \widehat{p} + 1.960\sqrt{\frac{\widehat{p}(1-\widehat{p})}{n}}$$

が母比率 p に関する 95 パーセント信頼区間となる.

例えば,番組 A の視聴率を調べるために 600 世帯を抽出して,実際に 270 世帯が番組 A を見ていたとしたら,標本比率の実現値 $\widehat{p} = 270/600 = 0.45$ となり,母比率 (全世帯の視聴率) の 95 パーセント信頼区間は

$$0.45 - 1.960\sqrt{\frac{0.45(1-0.45)}{600}} \leq p \leq 0.45 + 1.960\sqrt{\frac{0.45(1-0.45)}{600}}$$

であるから,$0.41 \leq p \leq 0.49$ となる.すなわち,得られた標本における視聴率は $\pm 4\%$ 程度の誤差を含んでいると考えることができる.

任意の信頼度に対する母比率 p の信頼区間についてまとめると,以下のようになる.

母比率 p の信頼区間

母集団分布が $B(1,p)$ である母集団から,大きさ n の標本 $X_1, X_2, \ldots, X_n$ の標本比率 $\widehat{P}$ の実現値 $\widehat{p}$ を得たとする.母比率 p の 100α パーセント信頼区間は

$$\widehat{p} - \Phi^{-1}\left(\frac{1+\alpha}{2}\right)\sqrt{\frac{\widehat{p}(1-\widehat{p})}{n}} \leq p \leq \widehat{p} + \Phi^{-1}\left(\frac{1+\alpha}{2}\right)\sqrt{\frac{\widehat{p}(1-\widehat{p})}{n}} \tag{6.15}$$

である.ここで,

$$\Phi^{-1}\left(\frac{1+\alpha}{2}\right)$$

は標準正規分布における $100(1+\alpha)/2$ パーセント点である.$\alpha = 0.90, 0.95, 0.99$ のとき,それぞれ $1.645, 1.960, 2.576$ となる.

例 6.8 ある電気製品について,消費者から不具合の報告があり,不具合の発生率を調べることになった.出荷時の製品から無作為に 100 個抽出して調べたところ,10 個に同様の不具合がみられた.全体の不具合発生率 p の 99 パーセント信頼区間を求めよ.

【解】 抽出した 100 個の製品の不具合の有無 (有 = 1,無 = 0) を $X_1, X_2,$

6.2 区間推定

$\ldots, X_n \sim B(1, p)$ とする．標本比率 $\widehat{P}$ の実現値は $\widehat{p} = 10/100 = 0.1$ である．また，信頼度を 99％ とするとき，

$$\Phi^{-1}\left(\frac{1+0.99}{2}\right) = \Phi^{-1}(0.995) = 2.576$$

であるから，母比率 p の 99 パーセント信頼区間は，式 (6.15) より

$$0.1 - 2.576\sqrt{\frac{0.1(1-0.1)}{100}} \leqq p \leqq 0.1 + 2.576\sqrt{\frac{0.1(1-0.1)}{100}}$$

であるから，$0.02 \leqq p \leqq 0.18$ となる． □

6.2.3 母分散 σ^2 の区間推定

これまで，母平均に関する区間推定を扱ってきた．一方，母分散に関する区間推定も重要である．実験機器においてはその測定精度 (測定のばらつき)，工場における生産機器においては品質のばらつきが大きすぎると問題となる．これらを適切に管理するため，定期的に一部の測定値や製品をチェックして全体でのばらつきを見積もっておく必要がある．このような場合に，母分散に関する区間推定が適用できる．

標本サイズが n の標本 $X_1, X_2, \ldots, X_n$ が正規分布 $N(\mu, \sigma^2)$ に従うとする．これらを標準化した確率変数の 2 乗和は自由度 n のカイ 2 乗分布に従う．つまり，

$$\sum_{i=1}^{n}\left(\frac{X_i - \mu}{\sigma}\right)^2 \sim \chi_n^2$$

である．これは以下のように変形できる．

$$\frac{1}{\sigma^2}\sum_{i=1}^{n}\left\{X_i - \bar{X} + (\bar{X} - \mu)\right\}^2 = \frac{n-1}{\sigma^2}U^2 + \left(\frac{\bar{X} - \mu}{\sigma/\sqrt{n}}\right)^2 \quad (6.16)$$

ただし，U^2 は不偏分散である．ここで，$i = 1, 2, \ldots, n$ に対して

$$\mathrm{Cov}[\bar{X} - \mu, X_i - \bar{X}] = 0 \quad (6.17)$$

であることから，

$$\mathrm{Cov}\left[(\bar{X} - \mu)^2, \sum_{i=1}^{n}(X_i - \bar{X})^2\right] = 0$$

がいえる．したがって，式 (6.16) の右辺第 1 項と第 2 項は互いに独立である．

これより，式 (6.16) の両辺のモーメント母関数をとると，
$$(1-2t)^{-\frac{n}{2}} = M_X(t)(1-2t)^{-\frac{1}{2}}$$
となる．ただし，$M_X(t)$ は式 (6.16) の右辺第 1 項のモーメント母関数である．ゆえに，
$$M_X(t) = (1-2t)^{-\frac{n-1}{2}}$$
となり，これは自由度 $n-1$ のカイ 2 乗分布のモーメント母関数となる．つまり，
$$\frac{n-1}{\sigma^2}U^2 \sim \chi^2_{n-1} \tag{6.18}$$
となる．

このことを使って，母分散 σ^2 の 95 パーセント信頼区間を構成してみよう．自由度 $n-1$ のカイ 2 乗分布の 100α パーセント点を $\chi^2_{n-1}(\alpha)$ とすると，
$$P\left(\chi^2_{n-1}(0.025) \leqq \frac{n-1}{\sigma^2}U^2 \leqq \chi^2_{n-1}(0.975)\right) = 0.95$$
が成り立つ (図 6.7)．カッコ内を σ^2 についての式に変形すると
$$\frac{n-1}{\chi^2_{n-1}(0.975)}U^2 \leqq \sigma^2 \leqq \frac{n-1}{\chi^2_{n-1}(0.025)}U^2$$
となる．U^2 にその実現値 u^2 を代入した
$$\frac{n-1}{\chi^2_{n-1}(0.975)}u^2 \leqq \sigma^2 \leqq \frac{n-1}{\chi^2_{n-1}(0.025)}u^2 \tag{6.19}$$
が母分散 σ^2 の 95 パーセント信頼区間となる．

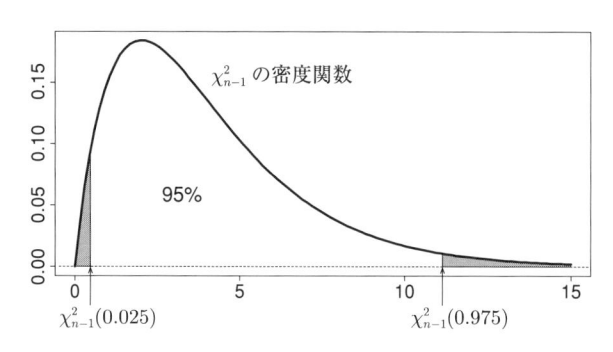

図 6.7 母分散 σ^2 の 95 パーセント信頼区間

6.2 区間推定

母分散 σ^2 の信頼区間

母集団分布が $N(\mu, \sigma^2)$ である母集団から，大きさ n の標本 $X_1, X_2, \ldots, X_n$ の標本平均 $\bar{X}$ の実現値 $\bar{x}$ および，不偏分散 U^2 の実現値 u^2 を得たとする．母分散 σ^2 の 100α パーセント信頼区間は

$$\frac{n-1}{\chi^2_{n-1}\left(\frac{1+\alpha}{2}\right)} u^2 \leqq \sigma^2 \leqq \frac{n-1}{\chi^2_{n-1}\left(\frac{1-\alpha}{2}\right)} u^2 \tag{6.20}$$

である．ここで，

$$\chi^2_{n-1}\left(\frac{1+\alpha}{2}\right), \quad \chi^2_{n-1}\left(\frac{1-\alpha}{2}\right)$$

はそれぞれ，自由度 $n-1$ のカイ 2 乗分布の $100(1+\alpha)/2$ パーセント点，$100(1-\alpha)/2$ パーセント点である．

例 6.9 ある電子天秤で物体の重さ [g] を測ったら，

$$200.02,\ 199.99,\ 199.98,\ 200.02,\ 200.00$$

のような結果が得られた．物体の重さは正規分布に従うと仮定して，母分散の 90 パーセント信頼区間を求めよ．

【解】 物体の重さを $X_1, X_2, \ldots, X_5 \sim N(\mu, \sigma^2)$ とすると，

$$\frac{4}{\sigma^2} U^2$$

は自由度 4 のカイ 2 乗分布に従う．信頼度を 90％ とするとき，

$$\chi^2_4(0.05) = 0.71, \quad \chi^2_4(0.95) = 9.49$$

である．また，不偏分散 U^2 の実現値 u^2 はそれぞれ

$$\bar{x} = 200.002, \quad u^2 = 0.00032$$

となる．したがって，母分散 σ^2 の 90 パーセント信頼区間は，式 (6.20) より

$$\frac{4}{9.49} 0.00032 \leqq \sigma^2 \leqq \frac{4}{0.71} 0.00032$$

となるから，$0.0001 \leqq \sigma^2 \leqq 0.0018$ である．また，標準偏差で示すと $0.01 \leqq \sigma \leqq 0.04$ となる． □

非正規母集団の場合

これまで紹介した母平均や母分散の区間推定については，母集団の分布に正規分布を仮定していた．実務的にはこの仮定が成立しない場合も考えられる．しかしながら，標本サイズが十分大きい場合には，中心極限定理から標本平均の分布は正規分布に近づくため，前述の方法を適用することができる．母集団分布に依存するものの，おおよそ $n = 30$ 以上あれば母平均の区間推定が可能であろう．母分散の推定については $n = 50$ 以上程度必要かもしれない．

演習問題

問1 近年，中国より飛来していると思われる微小粒子状物質 (PM2.5) の濃度が一時的に高い数値を示すことがあり，問題となっている．ある地点で，PM2.5 の濃度 [$\mu\text{g/m}^3$] を複数回，同一条件で測定したところ，以下の結果を得た．

$$15.7, \ 17.2, \ 16.1, \ 19.9, \ 18.2$$

以下の問いに答えよ．
(1) 濃度の平均値および標準偏差を求めよ．
(2) 測定誤差は正規分布に従うと考えて，この地点における PM2.5 の濃度の平均に関する 90 パーセント信頼区間を求めよ．
(3) 信頼度を 90％ より高く設定した場合に，信頼区間の幅はどうなるか答えよ．

問2 ある地域において，1 年間に支払われている電気料金の調査を実施した．調査対象は 100 世帯で，過去 1 年間に支払った電気料金の平均は，129,894 円，標準偏差は 5,000 円であった．このとき，その地域における 1 年間の電気料金の世帯平均についての 99 パーセント信頼区間を求めよ．

問3 前問と同じ地域において，環境税の導入についての賛否を問うアンケート調査を同じ 100 世帯に行ったところ，53 世帯 (53％) が導入を支持した．この地域における環境税の支持率の 95 パーセント信頼区間を求めよ．仮に，環境税の導入に関する支持率が 50％ であるとしたとき，信頼区間の幅を 5％ 以下とするためには，何世帯以上調査する必要があるだろうか．

問4 ある測定方法で，1 台の自動車の CO_2 排出量 [g-CO_2/km] を複数回測定したところ，以下の結果を得た．

$$239.5, \ 210.3, \ 222.3, \ 240.3, \ 213.8, \ 235.4, \ 231.9$$

この測定方法による，CO_2 排出量の測定値の標準偏差について，90 パーセント信頼区間を求めよ．

7 仮説検定

第6章では，母集団のパラメータを標本から推定する方法を学んだ．ここでは，パラメータについての仮説を標本から検証するための方法である**仮説検定** (hypothesis testing) について学ぶ．

7.1 母平均 μ に関する仮説検定 (分散既知)

ある部品工場ではボルトを製造している．工場の立ち上げ1年目においては，製品をセンサーで全数調査し，ボルト上部の直径の平均値が 20.000 mm で，標準偏差は 0.010 mm であった．センサーによる全数調査はコストがかかるため，2年目の今年は抜き取り調査を行うことにした．製品から無作為に 10 個を抽出して，ボルト上部の直径を測定したところ，平均値は 20.007 mm であった．この結果は昨年の結果と比較して大きく異なっているといえるだろうか．大きく異なっていると判断されれば，生産機器のメンテナンスを実施しなければならない．

昨年の測定値のヒストグラムはおおよそ正規分布に近い形をしており，母集団分布として，図 7.1 のような正規分布を仮定することができる．2 年目のボルトの直径の分布が 1 年目と変わらないと仮定したとき，抽出した 10 個のボルトの直径の平均値 20.007 mm はどのように評価されるのだろうか．

10 個のボルトの上部の直径を $X_1, X_2, \ldots, X_{20}$ としたとき，仮定から

$$X_i \sim N(20.000, 0.010^2) \quad (i = 1, 2, \ldots, 20)$$

といえる．標本平均を $\bar{X}$ とすると，

$$\bar{X} \sim N\left(20.000, \frac{0.010^2}{10}\right)$$

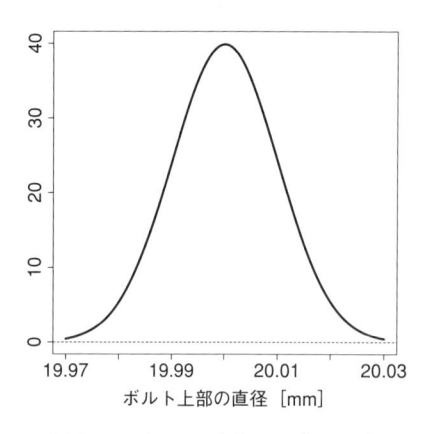

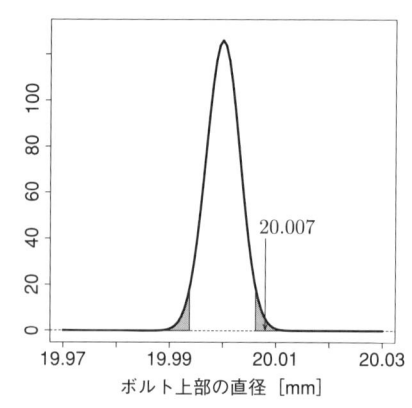

図 7.1　ボルトの直径の母集団分布　　図 7.2　ボルトの直径の平均の母集団分布

となる．例えば

$$P\left(|\bar{X} - 20.000| \geqq 1.96\frac{0.010}{\sqrt{10}}\right) = 0.05$$

であるから，10 個のボルトの平均値と昨年の平均とのずれが $1.96 \cdot 0.010/\sqrt{10}$ 以上になる確率は 5％以下であるといえる．一方，$\bar{X}$ の分布において，20.007 という実現値は図 7.2 のような位置にあり，平均が昨年と変わらないという仮定が真であるなら，5％以下でしか実現しないような標本が得られたことになる．したがって，この場合，平均値が 1 年目と変わらないという仮定が疑わしいということになる．したがって，生産機器のメンテナンスを検討することになるだろう．

　一般に，正規母集団からの大きさ n の標本 $X_1, X_2, \ldots, X_n \sim N(\mu, \sigma^2)$ に対して，仮説

$$H_0 : \mu = \mu_0$$

が正しいと仮定すると，標本平均 $\bar{X}$ と μ_0 とのずれの大きさ $|\bar{X} - \mu_0|$ について，

$$P\left(|\bar{X} - \mu_0| \geqq \Phi^{-1}\left(1 - \frac{\alpha}{2}\right)\frac{\sigma}{\sqrt{n}}\right) = \alpha \tag{7.1}$$

が成り立つ．すなわち，$\bar{X}$ の実現値が以下の区間

$$R = \left(-\infty, \mu_0 - \Phi^{-1}\left(1 - \frac{\alpha}{2}\right)\frac{\sigma}{\sqrt{n}}\right] \cup \left[\mu_0 + \Phi^{-1}\left(1 - \frac{\alpha}{2}\right)\frac{\sigma}{\sqrt{n}}, +\infty\right)$$

7.1 母平均 μ に関する仮説検定 (分散既知)

に入る確率が $100\alpha\%$ である. α をある程度小さい値に設定したとき, $\bar{X}$ の実現値が上の区間 R に入れば, 仮説 H_0 が正しいと仮定したことが疑わしいということになり, μ と μ_0 が異なるという仮説

$$H_1 : \mu \neq \mu_0$$

を採用することになる. 区間 R に入らなければ, 仮定を否定する十分な根拠はないことになる.

$\bar{X}$ の代わりに $\bar{X}$ を標準化した

$$Z = \frac{\bar{X} - \mu_0}{\sigma/\sqrt{n}}$$

で考えてもよい. この場合, 式 (7.1) は,

$$P\left(|Z| \geqq \Phi^{-1}\left(1 - \frac{\alpha}{2}\right)\right) = \alpha$$

と書くことができ, Z の実現値 z が区間

$$R = \left(-\infty, -\Phi^{-1}\left(1 - \frac{\alpha}{2}\right)\right] \cup \left[\Phi^{-1}\left(1 - \frac{\alpha}{2}\right), +\infty\right)$$

に入るか否かで同様の判定を行ってもよい.

ここで, 仮説 H_0, H_1 をそれぞれ**帰無仮説** (null hypothesis), **対立仮説** (alternative hypothesis) という. α のことを**有意水準** (significance level) といい, 以上のように母平均 μ に関する仮説を検証する手続きを**有意水準 $100\alpha\%$ の仮説検定**という. H_0 が疑わしく ($\bar{X}$ の実現値が R に入る), H_1 を採用することを**仮説 H_0 を棄却する**もしくは, **仮説 H_1 を採択する**という. H_0 を否定する十分な根拠を得られない ($\bar{X}$ の実現値が R に入らない) ことを**仮説 H_0 を受容する**もしくは, **仮説 H_0 を棄却できない**という. $\bar{X}$ や Z のような検定に用いる統計量を**検定統計量**とよぶ.

例 7.1 ある新しい工場で製造されたボルトから 10 個を無作為に抜き取り, ボルト上部の直径を測ったところ, 平均値は 20.007 mm であった. ボルト上部の直径は正規分布に従うと仮定し, 昨年の全数調査の結果に基づく平均 20.000 mm と異なっているかどうかについて, 有意水準 10 % で検定する. ただし, 標準偏差は昨年の結果 0.010 mm から変化していないとする.

【解】 ボルト上部の直径を $X_1, X_2, \ldots, X_{10} \sim N(\mu, 0.010^2)$ とするとき, 帰無仮説と対立仮説をそれぞれ

$$H_0 : \mu = 20.000$$
$$H_1 : \mu \neq 20.000$$

とする.H_0 が正しいと仮定すると,標本平均 $\bar{X}$ について,

$$\bar{X} \sim N\left(20.000, \frac{0.010^2}{10}\right)$$

となるので,棄却域 R を

$$R = \left(-\infty, 20.000 - 1.645 \frac{0.010}{\sqrt{10}}\right] \cup \left[20.000 + 1.645 \frac{0.010}{\sqrt{10}}, +\infty\right)$$

とする.$\bar{X}$ の実現値 $\bar{x} = 20.007$ は,$\bar{x} \in R$ となるから,有意水準 10％で H_0 は棄却される.したがって,20.000 [mm] とは異なっていると判断できる. □

$\bar{X}$ の実現値 $\bar{x}$ について,以下の確率

$$P(|\bar{X} - \mu_0| \geqq |\bar{x} - \mu_0|)$$

もしくは,Z の実現値 z について

$$P(|Z| \geqq |\bar{z}|)$$

を **p 値**とよび,この値と有意水準を比較することで,H_0 を棄却するかどうかの判断ができる.例 7.1 の場合,p 値は

$$P\left(\left|\frac{\bar{X} - 20.000}{0.01/\sqrt{10}}\right| \geqq \frac{0.007}{0.01/\sqrt{10}}\right) = 0.027 < 0.1$$

となり,有意水準 10％でも 5％でも棄却されることがわかる.

対立仮説の設定方法

ところで,対立仮説のたて方は,どのような場合に行動を起こすか,母集団分布のパラメータについてどのような主張をしたいのかに依存する.例 7.1 の場合は,① 平均が昨年と異なっていればメンテナンスを実施するという行動を起こすことを想定している.一方,② 平均が昨年より大きくなっていればメンテナンスを実施する,もしくは,③ 小さくなっていればメンテナンスを実施するという状況も想定できる.これらの対立仮説はそれぞれ

① $H_1 : \mu \neq 20.000$

② $H_1 : \mu > 20.000$

7.2 母平均 μ に関する仮説検定 (分散未知)

③　$H_1 : \mu < 20.000$

と表現でき，それぞれ**両側仮説**，**右側仮説**，**左側仮説**といい，それらの仮説を用いた検定を**両側検定**，**右側検定**，**左側検定**という．右側検定，左側検定の場合の棄却域のとり方は，以降の節の例題を参考にするとよい．

7.2　母平均 μ に関する仮説検定 (分散未知)

前節の例においては，母集団の標準偏差 (分散) が既知であると仮定した．区間推定の場合と同様に，母分散が未知の場合の方法を考えてみよう．

正規母集団からの大きさ n の標本 $X_1, X_2, \ldots, X_n \sim N(\mu, \sigma^2)$ に対して，

$$H_0 : \mu = \mu_0$$
$$H_1 : \mu > \mu_0$$

の右側検定を考える．H_0 が正しいと仮定すると，

$$T = \frac{\bar{X} - \mu_0}{U/\sqrt{n}}$$

は自由度 $n-1$ の t 分布に従う．ここで，U は不偏分散 U^2 の平方根である．H_1 は右側仮説であり，μ が大きくなれば，T も大きくなる傾向にあるから，T に対する棄却域を

$$R = [t_{n-1}(1-\alpha), +\infty)$$

のようにとる．ただし，α は有意水準である．T の実現値 t が R に含まれれば，帰無仮説 H_0 を棄却する．

ここでは，母分散が未知であるため，前節の Z の代わりに Z の分母の σ をその推定量 U で置き換えた T を用いて，t 分布による検定を行った．区間推定と同様に，標本サイズ n が十分大きい場合 (目安として 30 以上)，標本における不偏分散を母分散として，分散が既知の方法を用いて差し支えない．

例 7.2　前節と同じ状況で，標準偏差は昨年の値を仮定できないものとする．製品から 10 個を無作為に抽出して，ボルト上部の直径を測定したところ，平均値は 20.007 mm で，不偏分散 $u^2 = 0.010^2$ を得た．この結果が昨年の全数調査の平均値 20.000 mm と比較して，大きくなっていたら生産機器のメンテナ

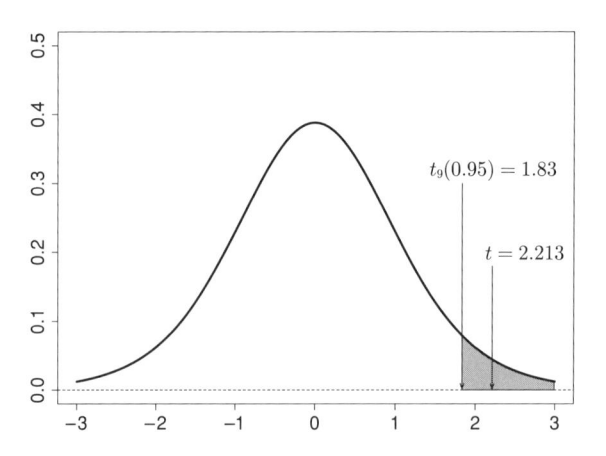

図7.3 分散未知の場合の右側検定における T の棄却域 (網掛け部分): 有意水準 5%, $n = 10$

ンスを実施しなければならない．今年の平均値が昨年の平均よりも大きくなっているかどうか，有意水準 5% で検定せよ．

【解】 10個のボルトの直径を $X_1, X_2, \ldots, X_{10}$ とするとき，母集団分布を $N(\mu, \sigma^2)$ と考えると，帰無仮説と対立仮説はそれぞれ

$$H_0 : \mu = 20.000$$
$$H_1 : \mu > 20.000$$

と書ける．H_0 が正しいと仮定すると，

$$T = \frac{\bar{X} - 20.000}{U/\sqrt{10}}$$

は自由度 9 の t 分布に従う．H_1 は右側仮説であり，μ が大きくなれば T も大きくなる傾向にあるから，T に対する棄却域を図7.3のように右側にとる．T に対する棄却域 R は，有意水準を 5% とすると，

$$R = [t_9(0.95), +\infty)$$

となる．T の実現値 t は

$$t = \frac{20.007 - 20.000}{0.010/\sqrt{10}} = 2.213$$

であり，$t_9(0.95) = 1.83$ であるから，$t \in R$ となり，H_0 は有意水準 5% で棄却される．したがって，ボルトの直径の平均は昨年より大きくなっていると判

断され，メンテナンスの実施を検討することになる．なお，p値は，
$$P(T \geqq 2.213) = 0.027$$
となり，有意水準を1％と設定した場合にはH_0は棄却されない． □

7.3 母比率pに関する仮説検定

例 7.3 ある電子機器の開発工程のなかで，現時点での初期故障発生率を知りたいとする．試作品から100個を無作為に抽出して調べたところ，7個に初期故障が発生した．全体の初期故障率が10％を下回ると判断されれば次の開発段階に進めるものとする．そのように判断できるかどうか，有意水準5％で検定してみよう． □

全体の故障率をpとするとき，区間推定における議論から標本比率$\widehat{P}$は標本サイズnが十分大きいならば，
$$\widehat{P} \sim N\left(p, \frac{p(1-p)}{n}\right)$$
である．帰無仮説と対立仮説をそれぞれ
$$H_0 : p = p_0$$
$$H_1 : p < p_0$$
とする．H_0が成り立つと仮定すると，
$$\widehat{P} \sim N\left(p_0, \frac{p_0(1-p_0)}{n}\right)$$
となり，標準化すると，
$$Z = \frac{\widehat{P} - p_0}{\sqrt{p_0(1-p_0)/n}}$$
は標準正規分布$N(0,1)$に従う．H_1は左側仮説であるから，左側に棄却域をとると，
$$R = (-\infty, -\Phi^{-1}(1-\alpha)]$$
となる．ただし，αは有意水準である．$\widehat{P}$の実現値$\widehat{p}$がRに入れば，帰無仮説

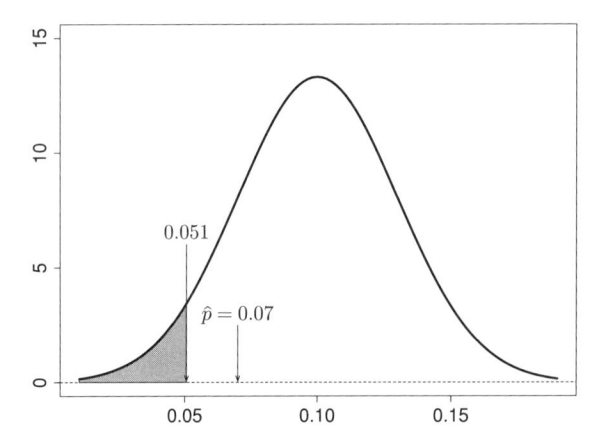

図 7.4 母比率 p の左側検定における $\widehat{P}$ の分布と棄却域:有意水準 5%, $n = 100$

H_0 を棄却する.

【解】 帰無仮説と対立仮説をそれぞれ

$$H_0 : p = 0.1$$
$$H_1 : p < 0.1$$

とする. H_0 が成り立つと仮定すると,

$$\widehat{P} \sim N\left(0.1, \frac{0.09}{100}\right)$$

となる. H_1 は左側仮説であるから,図 7.4 のように左側に棄却域をとると,

$$R = \left(-\infty,\, 0.1 - 1.645\sqrt{\frac{0.09}{100}}\,\right] = (-\infty, 0.051]$$

となる. 標本比率 $\widehat{P}$ の実現値 $\widehat{p}$ について,

$$\widehat{p} = \frac{7}{100} = 0.07 \notin R$$

となるので,有意水準 5% で H_0 は棄却できない. したがって,全体の故障率は 10% を下回っているとはいえない. なお, p 値は

$$P(\widehat{P} \leqq 0.07) = 0.376 > 0.05$$

である. □

7.4 母分散 σ^2 に関する仮説検定

例 7.4 ある試験の問題を作成することになった．試験の結果により選考を行うため，一定程度の得点分布のばらつきが要求されている．実験的に 15 名にこの試験を受けてもらったところ，平均点 $\bar{x} = 65$ 点，不偏分散 $u^2 = 15^2$ であった．全体の標準偏差に対する要求は $\sigma > 10$ である．実験の結果から，そうなっているといえるだろうか．有意水準 5 % で検定してみよう． □

正規母集団からの大きさ n の標本を $X_1, X_2, \ldots, X_n \sim N(\mu, \sigma^2)$ とする．母分散について，有意水準 α % での左側検定を考える．σ^2 に母分散に対する区間推定の議論から，不偏分散を U^2 とするとき，式 (6.18) より，

$$\frac{n-1}{\sigma^2}U^2 \sim \chi^2_{n-1}$$

がいえる．σ^2 についての帰無仮説と対立仮説をそれぞれ

$$H_0 : \sigma = \sigma_0$$
$$H_1 : \sigma > \sigma_0$$

とする．H_0 が成り立つと仮定すると，

$$\frac{n-1}{\sigma_0^2}U^2 \sim \chi^2_{n-1}$$

となる．H_1 は右側仮説であるから，右側に棄却域をとると，

$$R = [\chi^2_{n-1}(1-\alpha), +\infty)$$

が得られる．

【解】 15 名の得点を $X_1, X_2, \ldots, X_{15} \sim N(\mu, \sigma^2)$ とする．母分散に対する区間推定の議論から，不偏分散を U^2 とするとき，式 (6.18) より，

$$\frac{14}{\sigma^2}U^2 \sim \chi^2_{14}$$

がいえる．σ^2 についての帰無仮説と対立仮説をそれぞれ

$$H_0 : \sigma = 10$$
$$H_1 : \sigma > 10$$

とする．H_0 が成り立つと仮定すると，

$$\frac{14}{10^2}U^2 \sim \chi^2_{14}$$

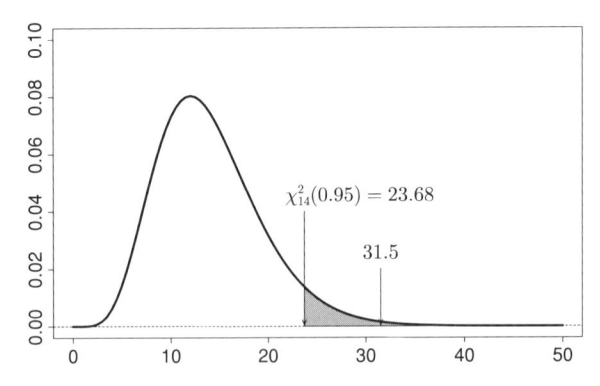

図 7.5 母分散 σ^2 の右側検定における $(n-1)U^2/\sigma^2$ の分布と棄却域：有意水準 5%, $n=15$

となる．H_1 は右側仮説であるから，図 7.5 のように，右側に棄却域をとると，

$$R = [\chi^2_{14}(0.95), +\infty) = [23.68, +\infty)$$

が得られる．U^2 の実現値は $u^2 = 15^2$ であるから，

$$\frac{14}{10^2}15^2 = 31.5 \in R$$

となり，有意水準 5% で H_0 は棄却される．したがって，全体の標準偏差は 10 より大きくなると考えられる． □

7.5 仮説検定の考え方

これまで，具体例にそって仮説検定の方法をみてきた．ここで，改めて仮説検定の枠組みについて考えてみよう．仮説検定では，ある決定をする場合の基準となる母集団分布のパラメータについて，特定の値に等しいことを仮定する．この仮説を「帰無仮説」とよんだ．ほとんどの場合，これは現状維持的な仮説であり，この仮説が否定されなかったからといって，何らかの行動を起こしたり，新たな知見が得られたりすることにはつながらない．

一方，母集団分布のパラメータについて，それがどのような値をとった場合に行動を起こしたり，新たな知見が得られたことになるかを示したものが「対立仮説」である．つまりそのパラメータの値が大きくなればメンテナンスをす

7.5 仮説検定の考え方

るであるとか，小さくなればこれまでの知見を覆す結果になるといったものである．

帰無仮説を設定すれば，標本平均や標本比率などの統計量についての確率分布が定まる．対立仮説の方向にパラメータが変化したときに，その統計量の実現値が動くであろう方向に棄却域を設定する．また，帰無仮説が正しいときには，統計量の実現値が棄却域に入る確率が一定の小さい確率 (有意水準) になるように設定する．もし，統計量の実現値が棄却域に入ったら，帰無仮説のもとでは起こる可能性の低い値が実現したため，帰無仮説が誤りであると考えて，帰無仮説を棄却するのである．

母分散が既知の場合の母平均に関する検定 (右側検定) について考えてみよう．正規母集団の母平均 μ について

$$H_0 : \mu = \mu_0$$

$$H_1 : \mu > \mu_0$$

を考える．図 7.6 の曲線は，$\mu_0 = 10$ の場合の H_0 のもとでの標本平均の分布である．右側仮説 $H_1 : \mu > 10$ に対する検定であるから，右側に確率が有意水準である α となるように棄却域をとる (図の網掛け部分)．観測値がこの棄却域に入るという結果は，帰無仮説が実際に正しい場合であっても有意水準 α に等しい確率で起こりうる．帰無仮説が実際に正しい場合であっても，この仮説検定の方式では，観測値が棄却域に入れば，帰無仮説は棄却される．つまり，誤った判断をしてしまうことになる．この誤りが発生する確率が有意水準 α となる．そのような意味で，帰無仮説が正しいときに，帰無仮説が棄却されることを**第 I 種の誤り** (type I error) とよぶ．第 I 種の誤りは，行動を起こさなく

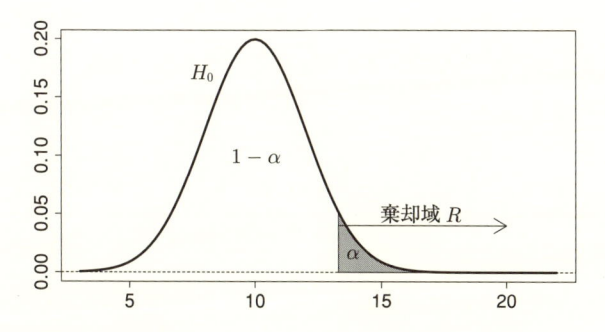

図 7.6 帰無仮説 $H_0 : \mu = 10$ のもとでの分布と第 I 種の誤り

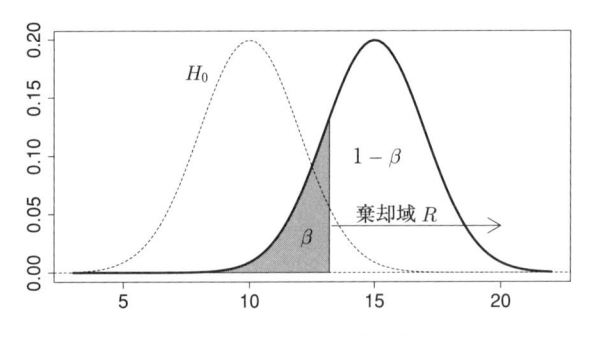

図7.7 $\mu = 15$ のもとでの分布と第 II 種の誤り

てもよいときに行動を起こしてしまうような誤りと考えることもできる．これまでの例であれば，本当はメンテナンスをしなくてもよいのにメンテナンスを実施してしまう，次の開発段階に進めるにもかかわらず，進まないというような誤りである．なお，帰無仮説が実際に正しい場合に，帰無仮説を棄却しない確率は $1 - \alpha$ である．

一方，図7.7は，H_0 のもとでの標本平均の分布が点線で，$\mu = 15$ に対する標本平均の分布が実線で描かれている．仮説検定では，H_0 のもとでの分布を基準にして棄却域が設定され，観測値に対して判定が行われる．しかし，真の分布の平均が $\mu = 15$，つまり対立仮説が真であった場合，帰無仮説を棄却することが正しい結果となる．このとき，H_0 が正しい場合とは反対に，帰無仮説を棄却しないことが誤った結果であり，この誤りのことを**第 II 種の誤り** (type II error) とよぶ．第 II 種の誤りが発生する確率を β (図の網掛け部分) とおくと，対立仮説 $\mu = 15$ が正しいときに，正しく帰無仮説を棄却する確率は $1 - \beta$ となる．この確率を**検出力** (power) という．第 II 種の誤りは，メンテナンスをしなければならないにもかかわらずメンテナンスをしない，次の開発段階に進めないにもかかわらず進んでしまうというような誤りである．検定におけるこれら2種類の誤りについて表7.1にまとめておく．

表7.1 検定における2種類の誤りおよびその発生確率

検定結果	正しい仮説	
	H_0	H_1
H_0	正 $(1 - \alpha)$	第 II 種の誤り (β)
H_1	第 I 種の誤り $(\alpha：有意水準)$	正 $(1 - \beta：検出力)$

検出力と標本サイズ

ここで，帰無仮説 $H_0: \mu = 10$ のもとでの μ に関する有意水準 $\alpha = 0.05$ の右側検定において，真の平均が $\mu = 15$ であった場合の検出力 $1 - \beta$ を計算してみよう．母分散を $\sigma^2 = 10^2$（既知），標本サイズを $n = 25$ とするとき，この場合の棄却域は，

$$\begin{aligned} R &= \left[10 + \Phi^{-1}(1-\alpha)\frac{\sigma}{\sqrt{n}}, +\infty\right) \\ &= \left[10 + 1.96\frac{10}{\sqrt{25}}, +\infty\right) \\ &= [13.92, +\infty) \end{aligned}$$

である．このとき，$\mu = 15$ である母集団から標本が得られたとすると，その平均が H_0 のもとでの棄却域に入る確率は，

$$\begin{aligned} P\left(\bar{X} \geqq 13.92\right) &= P\left(\frac{\bar{X} - 15}{10/\sqrt{25}} \geqq \frac{13.92 - 15}{10/\sqrt{25}}\right) \\ &= P(Z \geqq -0.54) \\ &= 1 - \Phi(-0.54) \\ &= 1 - 0.295 = 0.705 \end{aligned}$$

となる．この値は図 7.7 における $1 - \beta$ の部分の面積に相当する．

実際には真の平均は未知である．真の平均と検出力との関係を示したのが図 7.8 である．この図（曲線）のことを**検出力曲線** (power curve) とよぶ．真の平均 μ が 13 であれば 18％，14 で 53％，15 で 86％ の検出力が得られることがわかる．真の平均が帰無仮説における平均から離れるほど検出力は高くなる．

一方，標本サイズを大きくすると，標本平均の分散は小さくなるから，真の平均と帰無仮説における平均の差が同じであっても，検出力は高くなる．例えば，冒頭の例 7.1 で標本サイズを $n = 100$ としてみると，棄却域は

$$R = \left[10 + 1.96\frac{10}{\sqrt{100}}, +\infty\right) = [11.96, +\infty)$$

となる．このとき，$\mu = 15$ である母集団から標本が得られたとすると，その平均が H_0 のもとでの棄却域に入る確率は，

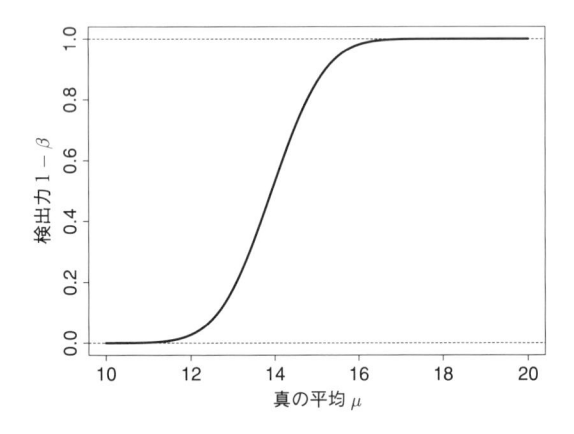

図 7.8　$H_0 : \mu = 10$ に対する有意水準 5% の右側検定における検出力曲線

$$P\left(\bar{X} \geqq 11.96\right) = P\left(\frac{\bar{X} - 15}{10/\sqrt{25}} \geqq \frac{11.96 - 15}{10/\sqrt{100}}\right)$$
$$= P(Z \geqq -3.04)$$
$$= 1 - \Phi(-3.04)$$
$$= 1 - 0.001 = 0.999$$

となり，ほぼ確実に検出できることになる．つまり，標本サイズを大きくしさえすれば，どのような小さな差であっても検出されることになる．

このような小さな差が，実務上の意味があるかどうかについては検討しておく必要があるだろう．本章の冒頭の部品製造工場の例 7.1 では，抜き取り調査で抽出する標本のサイズを十分大きくとりさえすれば，高い確率で 0.001 mm の差でも検出される (20.000 mm であるという帰無仮説が棄却される)．しかしながら，このような小さな差でメンテナンスを実施するのは現実的ではないかもしれない．実際には，帰無仮説に対して実務上意味のある差を設定し，一定の検出力が得られるように標本サイズを決定することになる．

例 7.5　ある部品工場ではボルトを製造している．工場の立ち上げ 1 年目においては，製品をセンサーで全数調査し，ボルト上部の直径の平均値が 20.000 mm で，標準偏差は 0.010 mm であった．センサーによる全数調査はコストがかかるため，2 年目の今年は抜き取り調査を行うことにした．2 年目の平均値に対する有意水準 5% の右側検定において，真の平均値が 20.003 mm である場合の

7.5 仮説検定の考え方

検出率を 90 % となるようにするには，標本サイズいくつに設定すればよいか．

【解】 ボルト上部の直径の標本平均を $\bar{X} \sim N(\mu, 0.010^2/n)$ とする．帰無仮説と対立仮説をそれぞれ

$$H_0 : \mu = 20.000$$

$$H_1 : \mu > 20.000$$

と設定する．H_0 が正しいと仮定するとき，標本平均に関する有意水準 5 % の棄却域は

$$R = \left(20.000 + 1.96\frac{0.010}{\sqrt{n}}, +\infty\right]$$

となる．2年目の真の平均値を 20.003 mm とした場合の検出力を 90 % としたいので，

$$P\left(\bar{X} \geqq 20.000 + 1.96\frac{0.010}{\sqrt{n}}\right) = 0.9$$

より

$$P\left(\frac{\bar{X} - 20.003}{0.010/\sqrt{n}} \geqq \frac{-0.003}{0.010/\sqrt{n}} + 1.96\right) = 0.9$$

であるから，カッコ内を計算すると

$$\frac{-0.003}{0.010/\sqrt{n}} + 1.96 = \Phi^{-1}(1 - 0.9) = -1.281$$

よって

$$\frac{0.003}{0.010/\sqrt{n}} = 3.242$$

より

$$\sqrt{n} = \frac{0.03242}{0.003}, \quad \therefore \quad n = 116.8$$

となる．したがって，標本サイズを 117 に設定することで検出率 90 % を達成できることがわかる． □

演習問題

問 1 例 8.1 において，昨年の全数調査の結果に基づく平均 20.000 mm よりも大きくなっているかどうかについて，p 値を計算し，有意水準 5% で検定せよ．

問 2 ある地点において，微小粒子状物質 (PM2.5) の濃度 $[\mu g/m^3]$ を繰り返し測定し，以下の結果を得た．

$$32.8,\ 33.9,\ 34.5,\ 34.9$$

環境基準は，1 日の平均値が $35.0\,\mu g/m^3$ 以下とされている．測定誤差は正規分布に従うと仮定したとき，この地点における PM2.5 の濃度は環境基準を下回っているといえるかどうか，p 値を計算し，有意水準 5% で検定せよ．

問 3 ある地域の住民 200 人に対して，産業廃棄物処分場建設の是非を問うアンケート調査を行ったところ，106 人が建設を支持した．この地域から選挙に立候補しようとしている候補者 A は，地域全体として建設の賛成率が 50% よりも高いようであれば，公約として産業廃棄物処分場受け入れを打ち出すことにした．そのように判断してよいかどうか，p 値を計算し，有意水準 10% で検定せよ．

問 4 ある電子天秤で，50 mg の物体の重量を 5 回測定したところ，以下の結果を得た．

$$49.978,\ 49.960,\ 50.009,\ 49.991,\ 50.006$$

電子天秤の仕様書には，標準偏差は 0.03 mg と記載されている．この測定結果から，標準偏差は 0.03 mg 以内であると考えてよいかどうか，有意水準 10% で検定せよ．

問 5 対面式による授業で学んだ学生が受験したある科目の試験の成績は，平均点が 68 点で，標準偏差が 10 点であった．オンライン授業で学んだ学生に同じ試験を課して，対面式による授業で学んだ学生に比べて，3 点以上の差があるかどうかを有意水準 5% で検定したいとする．100 名の学生が受験した場合の検出率を求めよ．

8
2つの母集団の比較

これまで，1つの母集団に対する確率分布のパラメータについて，区間推定および仮説検定の方法について説明してきた．ここでは，2つの母集団に同一の確率分布を仮定したときの，パラメータの比較を標本から行う方法について説明する．

8.1 平均の差に関する推定・検定 (分散共通)

例8.1 4.1節の部品工場の例を再び考えてみよう．2年目に行った抜き取り調査の結果，仮説検定の結果を考慮してメンテナンスを実施した．その後，改めて抜き取り調査を実施したところ，製品から10個を無作為に抽出して，ボルト上部の直径の平均値は20.000 mm，標準偏差は0.010 mmという結果を得た．3年目に再度抜き取り調査を行ったところ，20個を抽出して，ボルト直径の平均値は20.008 mm，標準偏差は0.012 mmという結果を得た．標準偏差は2年目と3年目で変わらないと仮定できるとき，2年目と3年目でボルト上部の平均値が異なっているといえるだろうか． □

2年目，3年目に抽出したボルトの直径をそれぞれ
$$X_1, X_2, \ldots, X_m \sim N(\mu_1, \sigma^2)$$
$$Y_1, Y_2, \ldots, Y_n \sim N(\mu_2, \sigma^2)$$
とする．それぞれの標本平均は
$$\bar{X} \sim N\left(\mu_1, \frac{\sigma^2}{m}\right)$$
$$\bar{Y} \sim N\left(\mu_2, \frac{\sigma^2}{n}\right)$$

となる．平均値の差 $\bar{X} - \bar{Y}$ を考えると，正規分布の性質から

$$\bar{X} - \bar{Y} \sim N\left(\mu_1 - \mu_2, \frac{\sigma^2}{m} + \frac{\sigma^2}{n}\right)$$

がいえる．したがって，

$$Z = \frac{\bar{X} - \bar{Y} - (\mu_1 - \mu_2)}{\sqrt{\left(\frac{1}{m} + \frac{1}{n}\right)\sigma^2}}$$

は標準正規分布 $N(0,1)$ に従う．ここで，母分散 σ^2 は未知であるから，以下の推定量

$$U^2 = \frac{(m-1)U_x^2 + (n-1)U_y^2}{m+n-2}$$

によって構成された

$$T = \frac{\bar{X} - \bar{Y} - (\mu_1 - \mu_2)}{\sqrt{\left(\frac{1}{m} + \frac{1}{n}\right)U^2}}$$

を用いて，平均の差について区間推定と仮説検定を実施する．T は，自由度 $m+n-2$ の t 分布に従う．

ここで，

$$P\left(-t_{m+n-2}(0.975) \leqq T \leqq t_{m+n-2}(0.975)\right) = 0.95$$

であることから，カッコ内を $\mu_1 - \mu_2$ についての式に変形し，推定量 $\bar{X}, \bar{Y}, U^2$ をそれぞれ実現値 $\bar{x}, \bar{y}, u^2$ に置き換えると

$$\bar{x} - \bar{y} - t_{m+n-2}(0.975)\sqrt{\left(\frac{1}{m} + \frac{1}{n}\right)u^2} \leqq \mu_1 - \mu_2$$

$$\leqq \bar{x} - \bar{y} + t_{m+n-2}(0.975)\sqrt{\left(\frac{1}{m} + \frac{1}{n}\right)u^2}$$

となる．これが 2 年目と 3 年目の差 $\mu_1 - \mu_2$ の 95 パーセント信頼区間となる．

【解】 冒頭の例について，95 パーセント信頼区間を計算する．母分散の推定値 u^2 は

$$u^2 = \frac{9 \cdot 0.010^2 + 19 \cdot 0.012^2}{10 + 20 - 2} = 0.000130$$

となるから，2 年目と 3 年目の差 $\mu_1 - \mu_2$ の 95 パーセント信頼区間は

8.2 平均の差に関する推定・検定 (分散既知)

$$20.000 - 20.008 - 2.048\sqrt{\left(\frac{1}{10} + \frac{1}{20}\right) \cdot 0.000130} \leq \mu_1 - \mu_2$$

$$\leq 20.000 - 20.008 + 2.048\sqrt{\left(\frac{1}{10} + \frac{1}{20}\right) \cdot 0.000130}$$

より

$$-0.017 \leq \mu_1 - \mu_2 \leq 0.001$$

となる.

2年目と3年目の差についての仮説検定は, 以下のように構成する. 帰無仮説と対立仮説をそれぞれ

$$H_0 : \mu_1 = \mu_2$$
$$H_1 : \mu_1 \neq \mu_2$$

と設定する. H_0 が正しいとすると, $\mu_1 - \mu_2 = 0$ であるから,

$$T = \frac{\bar{X} - \bar{Y}}{\sqrt{\left(\frac{1}{m} + \frac{1}{n}\right) U^2}}$$

は自由度 $m + n - 2$ の t 分布に従う. これより, T に対する有意水準 5 ％の棄却域は

$$R = (-\infty, -t_{m+n-2}(0.975)] \cup [t_{m+n-2}(0.975), +\infty)$$

となる.

冒頭の例 8.1 について, 検定統計量 T の実現値 t を計算してみると,

$$t = \frac{20.000 - 20.008}{\sqrt{\left(\frac{1}{10} + \frac{1}{20}\right) \cdot 0.000130}} = -1.81$$

となる. 一方, $-t_{28}(0.975) = -2.05$ であるから, $t \notin R$ となり, 帰無仮説は棄却できない. したがって, 2年目と3年目でボルト上部の直径に差があるとはいえない. □

8.2 平均の差に関する推定・検定 (分散既知)

例 8.1 において, 標本から計算された標準偏差が母集団の標準偏差と仮定できる場合, 正規分布による推定・検定が可能である.

2年目, 3年目に抽出したボルトの直径をそれぞれ
$$X_1, X_2, \ldots, X_{n_1} \sim N(\mu_1, \sigma_1^2)$$
$$Y_1, Y_2, \ldots, Y_{n_2} \sim N(\mu_2, \sigma_2^2)$$
とする. それぞれの標本平均は
$$\bar{X} \sim N\left(\mu_1, \frac{\sigma_1^2}{n_1}\right)$$
$$\bar{Y} \sim N\left(\mu_2, \frac{\sigma_2^2}{n_2}\right)$$
となる. 平均値の差 $\bar{X} - \bar{Y}$ を考えると, 正規分布の性質から
$$\bar{X} - \bar{Y} \sim N\left(\mu_1 - \mu_2, \frac{\sigma_1^2}{n_1} + \frac{\sigma_2^2}{n_2}\right)$$
がいえる. したがって,
$$Z = \frac{\bar{X} - \bar{Y} - (\mu_1 - \mu_2)}{\sqrt{\frac{\sigma_1^2}{n_1} + \frac{\sigma_2^2}{n_2}}}$$
は標準正規分布 $N(0,1)$ に従う. このことから,
$$P\bigl(-\Phi^{-1}(0.975) \leqq Z \leqq \Phi^{-1}(0.975)\bigr) = 0.95$$
が成り立つので, $\mu_1 - \mu_2$ の 95 パーセント信頼区間は
$$\bar{x} - \bar{y} - \Phi^{-1}(0.975)\sqrt{\frac{\sigma_1^2}{n_1} + \frac{\sigma_2^2}{n_2}} \leqq \mu_1 - \mu_2$$
$$\leqq \bar{x} - \bar{y} + \Phi^{-1}(0.975)\sqrt{\frac{\sigma_1^2}{n_1} + \frac{\sigma_2^2}{n_2}}$$
となる.

仮説検定については, 帰無仮説と対立仮説をそれぞれ
$$H_0 : \mu_1 = \mu_2$$
$$H_1 : \mu_1 \neq \mu_2$$
と設定する. H_0 が正しいとすると, $\mu_1 - \mu_2 = 0$ であるから,
$$Z = \frac{\bar{X} - \bar{Y}}{\sqrt{\frac{\sigma_1^2}{n_1} + \frac{\sigma_2^2}{n_2}}}$$

8.3 平均の差に関する推定・検定 (分散未知)

は標準正規分布 $N(0,1)$ に従う．これにより，Z に対する有意水準 5％の棄却域は
$$R = (-\infty, -\Phi^{-1}(0.975)] \cup [\Phi^{-1}(0.975), +\infty)$$
となる．

問 8.1 例 8.1 において，標本から計算された標準偏差が母集団の標準偏差と仮定できる場合について，区間推定と仮説検定を行ってみよ．

8.3 平均の差に関する推定・検定 (分散未知)

8.1 節では，母集団の分散は 2 年目と 3 年目で共通であるとした．この仮定ができない場合には
$$T_W = \frac{\bar{X} - \bar{Y} - (\mu_1 - \mu_2)}{\sqrt{\frac{U_x^2}{m} + \frac{U_y^2}{n}}}$$
が近似的に，自由度
$$\phi = \frac{\left(\frac{U_x^2}{m} + \frac{U_y^2}{n}\right)^2}{\left(\frac{U_x}{m}\right)^2/(m-1) + \left(\frac{U_y}{n}\right)^2/(n-1)}$$
の t 分布に従う[1]ことを用いる．これより，$\mu_1 - \mu_2$ の 95 パーセント信頼区間は
$$\bar{x} - \bar{y} - t_\phi(0.975)\sqrt{\frac{u_x^2}{m} + \frac{u_y^2}{n}} \leqq \mu_1 - \mu_2$$
$$\leqq \bar{x} - \bar{y} + t_\phi(0.975)\sqrt{\frac{u_x^2}{m} + \frac{u_y^2}{n}}$$
となる．これを**ウェルチの信頼区間** (Welch's confidence interval) とよぶ．

一方，2 年目と 3 年目の差についての仮説検定は，以下のように構成する．帰無仮説と対立仮説をそれぞれ
$$H_0 : \mu_1 = \mu_2$$
$$H_1 : \mu_1 \neq \mu_2$$

---

[1] 詳細な議論については，永田 靖「統計的方法のしくみ」(日科技連出版社, 1996) が参考になる．

と設定する．H_0 が正しいとすると，$\mu_1 - \mu_2 = 0$ であるから，

$$T_W = \frac{\bar{X} - \bar{Y}}{\sqrt{\frac{u_x^2}{m} + \frac{u_y^2}{n}}}$$

は自由度 ϕ の t 分布に従う．これより，T に対する有意水準 5％ の棄却域は

$$R = (-\infty, -t_\phi(0.975)] \cup [t_\phi(0.975), +\infty)$$

となる．この検定手法のことを**ウェルチ検定** (Welch's t test) とよぶ．

例 8.1 で，母集団の分散が 2 年目と 3 年目で異なると仮定する．統計量 T_W が従う t 分布の自由度は

$$\phi = \frac{(0.010/10 + 0.012/20)^2}{(0.010/10)^2/9 + (0.012/20)^2/19} = 19.7$$

である．自然数でない自由度のパーセント点は，以下のように補間によって求める．$t_{19}(0.975) = 2.093, t_{20}(0.975) = 2.086$ であるから，

$$t_{19.7}(0.975) = 2.086 + (2.093 - 2.086) \cdot (1 - 0.7) = 2.088$$

となる．これより，$\mu_1 - \mu_2$ の 95 パーセント信頼区間は

$$20.000 - 20.008 - 2.09\sqrt{\frac{0.010^2}{10} + \frac{0.012^2}{20}} \leqq \mu_1 - \mu_2$$
$$\leqq 20.000 - 20.008 + 2.09\sqrt{\frac{0.010^2}{10} + \frac{0.012^2}{20}}$$

より，

$$-0.017 \leqq \mu_1 - \mu_2 \leqq 0.001$$

となる．仮説検定については，T_W の実現値 t_w を計算すると，

$$t_w = \frac{20.000 - 20.008}{\sqrt{\frac{0.010^2}{10} + \frac{0.012^2}{20}}} = -1.92$$

となる．一方，$-t_{19.6}(0.975) = -2.088$ であるから，$t_w \notin R$ となり，帰無仮説は棄却できない．したがって，2 年目と 3 年目でボルト上部の直径に差があるとはいえない．

8.4 分散の比に関する推定・検定

例 8.2 ある研究所では，特定の溶液の濃度を測定する機器 A を導入している．新しい機器 B の導入を検討しており，評価用の機器 B により測定精度の検討を行うことにした．濃度の測定単位は % である．機器 A では，同一試料の濃度を 15 回測定したところ，不偏分散の実現値 $u_x^2 = 0.025^2$ を得た．機器 B では，同一試料の濃度を 20 回測定したところ，不偏分散の実現値 $u_y^2 = 0.016^2$ を得た．機器 B の精度が機器 A よりも向上していると判断されれば，新しい機器 B を導入することとしたい． □

機器 A および機器 B に対する測定結果をそれぞれ

$$X_1, X_2, \ldots, X_m \sim N(\mu_1, \sigma_x^2)$$
$$Y_1, Y_2, \ldots, Y_n \sim N(\mu_2, \sigma_y^2)$$

とする．それぞれの不偏分散を U_x^2, U_y^2 とするとき，定理 4.2 より，

$$F = \frac{U_x^2}{\sigma_x^2} \bigg/ \frac{U_y^2}{\sigma_y^2}$$

は自由度 $(m-1, n-1)$ の F 分布 $F_{m-1,n-1}$ に従う．したがって，

$$P\bigl(f_{m-1,n-1}(0.025) \leq F \leq f_{m-1,n-1}(0.975)\bigr) = 0.95$$

がいえる (図 8.1)．カッコ内を σ_y^2/σ_x^2 についての式に書き換え，さらに U_x^2, U_y^2 をそれぞれ実現値 u_x^2, u_y^2 で置き換えると，

$$f_{m-1,n-1}(0.025) \frac{u_y^2}{u_x^2} \leq \frac{\sigma_y^2}{\sigma_x^2} \leq f_{m-1,n-1}(0.975) \frac{u_y^2}{u_x^2} \tag{8.1}$$

となる．これが，分散比 σ_y^2/σ_x^2 の 95 パーセント信頼区間を与える．

一方，仮説検定については，帰無仮説と対立仮説をそれぞれ

$$H_0 : \sigma_x^2 = \sigma_y^2$$
$$H_1 : \sigma_x^2 > \sigma_y^2$$

とする．H_0 が正しいと仮定すると，検定統計量

$$F = \frac{U_x^2}{U_y^2}$$

は自由度 $(m-1, n-1)$ の F 分布に従う．$\sigma_x^2 > \sigma_y^2$ であれば，

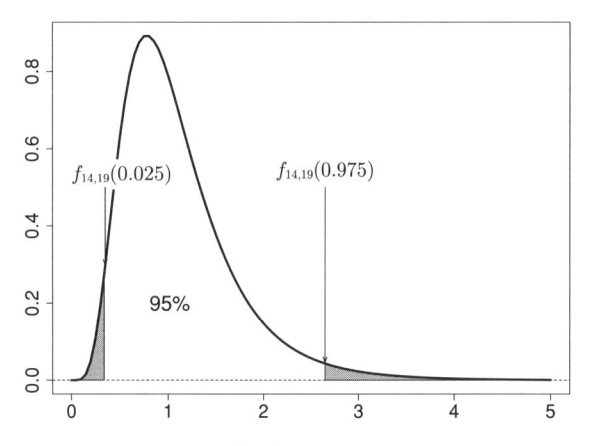

図 8.1 分散比 σ_y^2/σ_x^2 に対する信頼区間の構成

$$F = \frac{U_x^2}{U_y^2} \cdot \frac{\sigma_y^2}{\sigma_x^2} \cdot \frac{\sigma_x^2}{\sigma_y^2}$$

より，F の値は大きくなる傾向にあることから，棄却域を右側に設定すると，

$$R = [f_{m-1,n-1}(0.95), +\infty)$$

となる．

【解】 機器 A と機器 B による測定値の分散比 σ_y^2/σ_x^2 の 95 パーセント信頼区間は，$f_{14,19}(0.025) = 1/f_{19,14}(0.975) = 0.350$，$f_{14,19}(0.975) = 2.647$ [2)] であるから，式 (8.1) より，

$$0.350 \cdot \frac{0.016^2}{0.025^2} \leqq \frac{\sigma_y^2}{\sigma_x^2} \leqq 2.647 \cdot \frac{0.016^2}{0.025^2}$$

となる．これを計算すると，

$$0.143 \leqq \frac{\sigma_y^2}{\sigma_x^2} \leqq 1.084$$

を得る．仮説検定については，帰無仮説 $H_0 : \sigma_x^2 = \sigma_y^2$ が正しいとき，検定統計量 F の実現値は，

$$f = \frac{u_x^2}{u_y^2} = \frac{0.025^2}{0.016^2} = 2.441$$

---

2) 数表により求める場合には，$f_{19,14}(0.975)$ については $f_{20,14}(0.975)$ と $f_{15,14}(0.975)$，$f_{14,19}(0.975)$ については，$f_{12,19}(0.975)$ と $f_{15,19}(0.975)$ の補間を行う．

である．対立仮説 $H_1 : \sigma_x^2 > \sigma_y^2$ に対する棄却域は，$f_{14,19}(0.95) = 2.257$ であるから，

$$R = [2.257, +\infty)$$

となる．したがって，$f \in R$ となり，帰無仮説 H_0 は有意水準 5％で棄却される．よって，機器 B の測定精度は機器 A の測定精度よりも良くなっていると考えられ，機器 B を導入すべきと判断される． □

8.5 母比率の差に関する推定・検定

6.2.2 項で視聴率を例に母比率の区間推定を考えた．視聴率は対象とする番組によるものの，地域差がある．例えばプロ野球中継においては，関東地区の球団の試合であれば関東地区の視聴率が，九州地区の球団の試合であれば九州地区の視聴率が高くなる傾向にあると予想される．ここでは，1 つの番組に対する 2 つの地区の視聴率の差を例として，母比率の差の推定・検定法について説明する．

関東地区と九州地区における番組 A の視聴率をそれぞれ p_1, p_2 とする．母比率の区間推定における議論から，関東地区における標本視聴率 (標本比率) $\widehat{P}_1$ は，調査した世帯数 (標本サイズ) n_1 が十分大きいとき，

$$\widehat{P}_1 \sim N\left(p_1, \frac{p_1(1-p_1)}{n_1}\right)$$

である．同様に，九州地区における標本視聴率 (標本比率) $\widehat{P}_2$ は，調査した世帯数 (標本サイズ) n_2 が十分大きいとき，

$$\widehat{P}_2 \sim N\left(p_2, \frac{p_2(1-p_2)}{n_2}\right)$$

である．標本視聴率の差について，$\widehat{P}_1$ と $\widehat{P}_2$ は互いに独立であると考えられるので，

$$E[\widehat{P}_1 - \widehat{P}_2] = p_1 - p_2$$

$$\mathrm{Var}[\widehat{P}_1 - \widehat{P}_2] = \frac{p_1(1-p_1)}{n_1} + \frac{p_2(1-p_2)}{n_2}$$

となる. したがって,
$$Z = \frac{\widehat{P}_1 - \widehat{P}_2 - (p_1 - p_2)}{\sqrt{\frac{p_1(1-p_1)}{n_1} + \frac{p_2(1-p_2)}{n_2}}}$$
は，標準正規分布 $N(0,1)$ に従う．また，標本サイズが十分大きいと考えられるため，分母に現れる p_1, p_2 はその推定値 $\widehat{p}_1, \widehat{p}_2$ で置き換えてよい．このことと，
$$P\bigl(-\Phi^{-1}(0.975) \leqq Z \leqq \Phi^{-1}(0.975)\bigr) = 0.95$$
であることから，カッコ内を $p_1 - p_2$ についての式に書き換え，$\widehat{P}_1, \widehat{P}_2$ をそれぞれ，その実現値 $\widehat{p}_1, \widehat{p}_2$ で置き換えると
$$\widehat{p}_1 - \widehat{p}_2 - k \leqq p_1 - p_2 \leqq \widehat{p}_1 - \widehat{p}_2 + k \tag{8.2}$$
ただし，
$$k = \Phi^{-1}(0.975)\sqrt{\frac{\widehat{p}_1(1-\widehat{p}_1)}{n_1} + \frac{\widehat{p}_2(1-\widehat{p}_2)}{n_2}}$$
となる．これが，2つの地域の視聴率の差 (母比率の差) の 95 パーセント信頼区間となる．

次に，視聴率の差についての仮説検定を考えてみよう．帰無仮説と対立仮説をそれぞれ
$$H_0 : p_1 = p_2$$
$$H_1 : p_1 \neq p_2$$
のように設定する．H_0 が正しいと仮定すると，$p_1 - p_2 = 0$ であり，$p = p_1 = p_2$ とすると，
$$Z = \frac{\widehat{P}_1 - \widehat{P}_2}{\sqrt{\left(\frac{1}{n_1} + \frac{1}{n_2}\right)p(1-p)}}$$
は，標準正規分布 $N(0,1)$ に従う．ここで，p の推定値として，標本全体の視聴率
$$\widehat{p} = \frac{n_1\widehat{p}_1 + n_2\widehat{p}_2}{n_1 + n_2} \tag{8.3}$$
を用いて，
$$Z = \frac{\widehat{P}_1 - \widehat{P}_2}{\sqrt{\left(\frac{1}{n_1} + \frac{1}{n_2}\right)\widehat{p}(1-\widehat{p})}} \tag{8.4}$$

8.5 母比率の差に関する推定・検定

を検定統計量として採用する．対立仮説は $p_1 - p_2 \neq 0$ であり，両側検定である．したがって，有意水準 5％ での棄却域を両側に設定すると

$$R = (-\infty, \Phi^{-1}(0.025)] \cup [\Phi^{-1}(0.975), +\infty)$$

となる．

例 8.3 ある番組 A について視聴率調査を行った結果は，関東地区で 600 世帯を調査して番組を見た世帯が 96 世帯，九州地区で 500 世帯を調査して番組を見た世帯が 100 世帯であった．この結果から，関東地区と九州地区での視聴率に差があるといえるだろうか．

【解】 関東地区と九州地区の視聴率をそれぞれ p_1, p_2 とする．標本視聴率の実現値はそれぞれ

$$\widehat{p_1} = \frac{96}{600} = 0.160, \quad \widehat{p_2} = \frac{100}{500} = 0.200$$

である．視聴率の差 $p_1 - p_2$ の 95 パーセント信頼区間は，式 (8.2) より，

$$-0.040 - k \leqq p_1 - p_2 \leqq -0.040 + k$$

となる．ここで，k は

$$k = 1.96\sqrt{\frac{0.16(1-0.16)}{600} + \frac{0.20(1-0.20)}{500}} = 0.046$$

であるから，

$$-0.086 \leqq p_1 - p_2 \leqq 0.006$$

となる．

仮説検定については，帰無仮説 $H_0 : p_1 = p_2$ が正しいとき，式 (8.4) の検定統計量 Z は標準正規分布 $N(0,1)$ に従い，その実現値は式 (8.3) で計算される．

$$\widehat{p} = \frac{96 + 100}{600 + 500} = 0.178$$

を用いて，

$$z = \frac{0.160 - 0.200}{\sqrt{\left(\frac{1}{600} + \frac{1}{500}\right) 0.178(1 - 0.178)}} = -1.727$$

となる．対立仮説 $H_1 : p_1 \neq p_2$ に対する有意水準 5％ での棄却域は，

$$R = (-\infty, -1.96] \cup [1.96, +\infty)$$

であるから，$z \notin R$ となり，帰無仮説 H_0 は有意水準 5% で棄却できない．したがって，この調査結果からは，番組 A に対する関東地区における視聴率と，九州地区における視聴率に差があるとはいえない． □

演習問題

問 1 建築後 10 年が経過した 2 つの建物 A, B において，非破壊検査機器によりコンクリート圧縮強度 $[\mathrm{N/mm^2}]$ を測定した．建物 A では，8 か所を測定して，平均値 $25.8\,\mathrm{N/mm^2}$，不偏分散 0.25 を得た．建物 B では，10 か所を測定して，平均値 $26.3\,\mathrm{N/mm^2}$，不偏分散 0.36 を得た．建物 B のほうが十分強度が高いと考えてよいだろうか．有意水準 5% で検定せよ．ただし，母分散は建物 A, 建物 B で共通であるとする．

問 2 上の問題で，母分散の共通性が仮定できない場合について，同様の検定を行え．

問 3 ある企業が所有する 2 つの工場において，労働環境についてのアンケート調査を実施した．工場 A においては 150 名から，工場 B においては 170 名からそれぞれ回答が得られた．現在の労働環境に満足していると答えた人数は工場 A, 工場 B でそれぞれ 83 名，97 名であった．工場 B は最近完成しており，工場 A よりも設備などは新しいと考えられる．このアンケート調査から，工場 B のほうが労働環境がよいと考えている従業員の割合が高いと考えてよいだろうか．有意水準 5% で検定せよ．また，その割合の差に関する 95 パーセント信頼区間を求めよ．

9
回帰と相関

表 9.1 は，1973 年にニューヨークで観測された風速 [mph] と温度 [°F] のデータからランダムに 20 日分抽出したデータである．

表 9.1　ニューヨークの風速と気温

風速 x [mph]	13.2	16.6	8.0	12.0	6.9	5.7	14.3	5.7	14.3	10.3
気温 y [°F]	58	63	86	61	74	88	72	79	79	69
風速 x [mph]	4.6	13.8	6.3	10.9	6.3	14.9	13.8	6.9	1.7	5.1
気温 y [°F]	93	67	79	71	84	58	81	87	76	92

図 9.1 は風速を x 軸に，気温を y 軸にとった散布図である．全体として，風が強いほど気温が低いという傾向がみてとれる．また，最小二乗法によって求めた回帰直線も示した (1.5 節参照)．このデータを全体からの標本と考えると，異なる標本では異なる散布図が描かれ，回帰直線の係数や相関係数も異なるだろう．

本章では，相関係数や回帰直線の係数をも確率変数の一つの実現値とみなし，それらの分布の性質について考える．さらに，相関係数や回帰直線の係数についての区間推定や仮説検定の方法についても紹介する．

9.1　回帰係数，予測値の確率分布

1.5 節で回帰直線を x についての 1 次式 $y = ax + b$ で与え，最小二乗法によって回帰係数 a と b を

$$a = \frac{s_{xy}}{s_x^2}, \quad b = \bar{y} - \frac{s_{xy}}{s_x^2}\bar{x} \qquad (9.1)$$

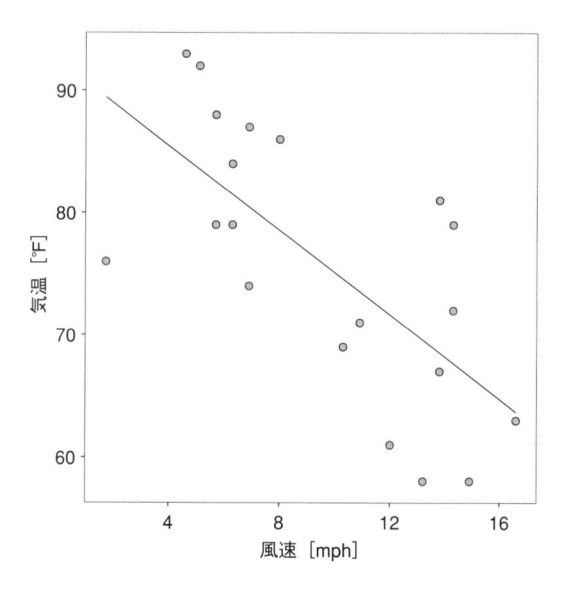

図 9.1 風速 vs. 気温の散布図と回帰直線

のように求めた.ここでは,改めて次のようなモデルを考える.

大きさ n の標本 $(x_1, y_1), (x_2, y_2), \ldots, (x_n, y_n)$ に対して,以下の式

$$Y_i = \beta_0 + \beta_1 x_i + \varepsilon_i, \quad \varepsilon_i \sim N(0, \sigma^2) \tag{9.2}$$

で表されるモデルを**単回帰モデル** (simple regression model) とよぶ.β_0, β_1 を**回帰係数** (regression coefficient) とよぶ.$\varepsilon_1, \varepsilon_2, \ldots, \varepsilon_n$ は**誤差項** (error term) とよばれ,互いに独立で,平均 0,分散 σ^2 の正規分布に従う.右辺全体を Y_i で表し,$y_1, y_2, \ldots, y_n$ は,それぞれ確率変数 $Y_1, Y_2, \ldots, Y_n$ の実現値であるとみなす.1.5 節において,回帰係数はデータから最小二乗法によって 1 つの値を決定するものであった.ここでは,回帰係数は推定すべきパラメータとなる.式 (9.2) は,

$$E[Y_i] = \beta_0 + \beta_1 x_i, \quad \mathrm{Var}[Y_i] = \sigma^2$$

より,

$$Y_i \sim N(\beta_0 + \beta_1 x_i, \sigma^2) \quad (i = 1, 2, \ldots, n) \tag{9.3}$$

と書け,パラメータ $\beta_0, \beta_1, \sigma^2$ をデータから推定する問題であると考える.

最小二乗法による β_0, β_1 の推定量として,

9.1 回帰係数，予測値の確率分布

$$\widehat{\beta}_0 = \bar{Y} - \frac{S_{xY}}{s_x^2}\bar{x} \qquad (9.4)$$

$$\widehat{\beta}_1 = \frac{S_{xY}}{s_x^2} \qquad (9.5)$$

を考える．ここで，$\bar{Y}, S_{xY}$ はそれぞれ

$$\bar{Y} = \frac{1}{n}\sum_{i=1}^{n} Y_i \qquad (9.6)$$

$$S_{xY} = \frac{1}{n}\sum_{i=1}^{n}(x_i - \bar{x})(Y_i - \bar{Y}) \qquad (9.7)$$

で定義される．S_{xY} は，x と y の共分散 s_{xy} において，$y_1, y_2, \ldots, y_n$ を，確率変数 $Y_1, Y_2, \ldots, Y_n$ に置き換えたものであり，一つの統計量(確率変数)となる．

定理 9.1 $\bar{Y}, S_{xY}$ について，以下が成り立つ．

(1) $E[\bar{Y}] = \beta_0 + \beta_1 \bar{x}, \quad \mathrm{Var}[\bar{Y}] = \dfrac{\sigma^2}{n}$

(2) $E[S_{xY}] = \beta_1 s_x^2, \quad \mathrm{Var}[S_{xY}] = \dfrac{\sigma^2}{n}s_x^2$

(3) $\mathrm{Cov}[\bar{Y}, S_{xY}] = 0$

【証明】 (1) は練習問題とする．

(2) S_{xY} の期待値は，

$$E[S_{xY}] = \frac{1}{n}\sum_{i=1}^{n}(x_i - \bar{x})\{E[Y_i] - E[\bar{Y}]\}$$

$$= \frac{1}{n}\sum_{i=1}^{n}(x_i - \bar{x})(\beta_0 + \beta_1 x_i - \beta_0 - \beta_1 \bar{x})$$

$$= \frac{1}{n}\sum_{i=1}^{n}\beta_1(x_i - \bar{x})^2 = \beta_1 s_x^2$$

となり，S_{xY} の分散については，$Y_1, Y_2, \ldots, Y_n$ は互いに独立であるから，

$$\mathrm{Var}[S_{xY}] = \mathrm{Var}\left[\frac{1}{n}\sum_{i=1}^{n}(x_i - \bar{x})(Y_i - \bar{Y})\right]$$

$$= \mathrm{Var}\left[\frac{1}{n}\sum_{i=1}^{n}(x_i - \bar{x})Y_i\right]$$

$$= \frac{1}{n^2}\sum(x_i - \bar{x})^2 \mathrm{Var}[Y_i] = \frac{\sigma^2}{n}s_x^2$$

となる．

(3) $\bar{Y}$ と S_{xY} の共分散については,以下のように示す.

$$S_{xY} - E[S_{xY}] = \frac{1}{n}\sum_{i=1}^{n}(x_i - \bar{x})\{Y_i - E[Y_i] - (\bar{Y} - E[\bar{Y}])\}$$

と書けるから,

$$\begin{aligned}\text{Cov}[\bar{Y}, S_{xY}] &= E\left[(\bar{Y} - E[\bar{Y}])\frac{1}{n}\sum_{i=1}^{n}(x_i - \bar{x})(Y_i - E[Y_i])\right] \\ &\quad - E\left[(\bar{Y} - E[\bar{Y}])\frac{1}{n}\sum_{i=1}^{n}(x_i - \bar{x})(\bar{Y} - E[\bar{Y}])\right]\end{aligned} \quad (9.8)$$

となる.また,

$$\bar{Y} - E[\bar{Y}] = \frac{1}{n}\sum_{i=1}^{n}(Y_i - E[Y_i])$$

であるから,式 (9.8) の右辺第 1 項は

$$\frac{1}{n^2}\sum_{i=1}^{n}\sum_{j=1}^{n}(x_i - \bar{x})\text{Cov}[Y_i, Y_j]$$

となる.$Y_1, Y_2, \ldots, Y_n$ は互いに独立だから,$i \neq j$ に対して $\text{Cov}(Y_i, Y_j) = 0$ である.したがって,上式は,

$$\frac{1}{n^2}\sum_{i=1}^{n}(x_i - \bar{x})\text{Var}[Y_i] = \frac{\sigma^2}{n^2}\sum_{i=1}^{n}(x_i - \bar{x}) = 0$$

となる.式 (9.8) の右辺第 2 項についても,

$$\frac{1}{n}E[(\bar{Y} - E[\bar{Y}])^2]\sum_{i=1}^{n}(x_i - \bar{x}) = \frac{\sigma^2}{n^2}\sum_{i=1}^{n}(x_i - \bar{x}) = 0$$

となる.以上のことから,

$$\text{Cov}[\bar{Y}, S_{xY}] = 0$$

が示せた. ∎

問 9.1 上の定理 9.1 (1) を示せ.

定理 9.2 $\widehat{\beta}_0, \widehat{\beta}_1$ はそれぞれ,回帰係数 β_0, β_1 の不偏推定量であり,

$$E[\widehat{\beta}_0] = \beta_0, \quad E[\widehat{\beta}_1] = \beta_1 \quad (9.9)$$

が成り立つ.また,$\widehat{\beta}_0, \widehat{\beta}_1$ の分散はそれぞれ

9.1 回帰係数,予測値の確率分布

$$\mathrm{Var}[\widehat{\beta}_0] = \frac{\sigma^2}{n}\left(1 + \frac{\bar{x}^2}{s_x^2}\right) \tag{9.10}$$

$$\mathrm{Var}[\widehat{\beta}_1] = \frac{1}{s_x^2}\frac{\sigma^2}{n} \tag{9.11}$$

となる.

【証明】 定理 9.1 を用いて示すことができる.練習問題とする. ∎

問 9.2 上の定理 9.2 を示せ.

定理 9.3 $\widehat{\beta}_0, \widehat{\beta}_1$ はそれぞれ,次の正規分布に従う.

$$\widehat{\beta}_0 \sim N\left(\beta_0, \frac{\sigma^2}{n}\left(1 + \frac{\bar{x}^2}{s_x^2}\right)\right) \tag{9.12}$$

$$\widehat{\beta}_1 \sim N\left(\beta_1, \frac{1}{s_x^2}\frac{\sigma^2}{n}\right) \tag{9.13}$$

【証明】 定理 9.2 より明らかである. ∎

以上の議論から,$\widehat{\beta}_0, \widehat{\beta}_1$ の分布が明らかとなった.したがって,$\widehat{\beta}_0, \widehat{\beta}_1$ に関する区間推定・仮説検定を実行することができそうである.ところが,誤差項 ε_i の分散が未知であるため,これをデータから推定しなくてはならない.

定理 9.4 回帰係数の推定量 $\widehat{\beta}_0, \widehat{\beta}_1$ の共分散について,以下の式が成り立つ.

$$\mathrm{Cov}[\widehat{\beta}_0, \widehat{\beta}_1] = -\frac{\sigma^2}{n}\frac{\bar{x}}{s_x^2} \tag{9.14}$$

【証明】 共分散の定義と定理 9.1 (3) より,

$$\begin{aligned}
\mathrm{Cov}[\widehat{\beta}_0, \widehat{\beta}_1] &= \mathrm{Cov}\left[\bar{Y} - \frac{S_{xY}}{s_x^2}\bar{x}, \frac{S_{xY}}{s_x^2}\right] \\
&= \mathrm{Cov}\left[\bar{Y}, \frac{S_{xY}}{s_x^2}\right] - \bar{x}\mathrm{Var}\left[\frac{S_{xY}}{s_x^2}\right] \\
&= \frac{1}{s_x^2}\mathrm{Cov}[\bar{Y}, S_{xY}] - \frac{\bar{x}}{s_x^4}\mathrm{Var}[S_{xY}] \\
&= -\frac{\bar{x}}{s_x^4}\cdot\frac{\sigma^2}{n}s_x^2 = -\frac{\sigma^2}{n}\frac{\bar{x}}{s_x^2}
\end{aligned}$$

となる. ■

定理 9.5 $\widehat{\beta}_0, \widehat{\beta}_1$ による Y_i の予測値
$$\widehat{Y}_i = \widehat{\beta}_0 + \widehat{\beta}_1 x_i \tag{9.15}$$
について, 以下の式が成り立つ.

(1) $$\text{Var}[\widehat{Y}_i] = \frac{\sigma^2}{n}\left\{1 + \left(\frac{x_i - \bar{x}}{s_x}\right)^2\right\} \tag{9.16}$$

(2) $$\sum_{i=1}^n (Y_i - \widehat{Y}_i) = 0, \quad \sum_{i=1}^n (Y_i - \widehat{Y}_i) x_i = 0 \tag{9.17}$$

(3) $$\widehat{Y}_i \sim N\left(\beta_0 + \beta_1 x_i, \frac{\sigma^2}{n}\left\{1 + \left(\frac{x_i - \bar{x}}{s_x}\right)^2\right\}\right) \tag{9.18}$$

【証明】 (2) は $\widehat{Y}_i$ を式 (9.15) で置き換えて計算すれば確認できる. 練習問題とする.

(1) について示す. 定理 9.2 と定理 9.4 より,
$$\begin{aligned}
\text{Var}[\widehat{Y}_i] &= \text{Var}[\widehat{\beta}_0 + \widehat{\beta}_1 x_i] \\
&= \text{Var}[\widehat{\beta}_0] + 2x_i \text{Cov}[\widehat{\beta}_0, \widehat{\beta}_1] + x_i^2 \text{Var}[\widehat{\beta}_1] \\
&= \frac{\sigma^2}{n}\left(1 + \frac{\bar{x}^2}{s_x^2}\right) - 2x_i \frac{\sigma^2}{n}\frac{\bar{x}}{s_x^2} + \frac{x_i^2}{s_x^2}\frac{\sigma^2}{n} \\
&= \frac{\sigma^2}{n}\left\{1 + \left(\frac{x_i - \bar{x}}{s_x}\right)^2\right\}
\end{aligned}$$

(3) 省略 ■

問 9.3 上の定理 9.5 (2), (3) を確認せよ.

定理 9.6 単回帰モデル (9.2) の誤差項 ε_i の分散 σ^2 の推定量
$$\widehat{\sigma}^2 = \frac{1}{n-2}\sum_{i=1}^n (Y_i - \widehat{Y}_i)^2 \tag{9.19}$$
は, σ^2 の不偏推定量である.

【証明】 式 (9.2) から, $i = 1, 2, \ldots, n$ に対して,
$$\begin{aligned}
\varepsilon_i &= Y_i - (\beta_0 + \beta_1 x_i) \\
&= \widehat{Y}_i - (\beta_0 + \beta_1 x_i) + Y_i - \widehat{Y}_i
\end{aligned}$$

9.1 回帰係数, 予測値の確率分布

$$= (\widehat{\beta}_0 - \beta_0) + (\widehat{\beta}_1 - \beta_1)x_i + Y_i - \widehat{Y}_i$$

となる. $i = 1, 2, \ldots, n$ についての 2 乗和をとると, 定理 9.5 (2) より,

$$\sum_{i=1}^{n} \varepsilon_i^2 = \sum_{i=1}^{n} \left\{ \widehat{Y}_i - (\beta_0 + \beta_1 x_i) \right\}^2 + \sum_{i=1}^{n} (Y_i - \widehat{Y}_i)^2 \quad (9.20)$$

となる. ここで, 左辺の期待値をとると,

$$E\left[\sum_{i=1}^{n} \varepsilon_i^2\right] = \sum_{i=1}^{n} E[\varepsilon_i^2] = n\sigma^2$$

となり, 右辺第 1 項の期待値は, 定理 9.5 (1) より,

$$E\left[\sum_{i=1}^{n} \left\{\widehat{Y}_i - (\beta_0 + \beta_1 x_i)\right\}^2\right] = \sum_{i=1}^{n} \mathrm{Var}[\widehat{Y}_i]$$

$$= \frac{\sigma^2}{n} \sum_{i=1}^{n} \left\{1 + \left(\frac{x_i - \bar{x}}{s_x^2}\right)^2\right\}$$

$$= \frac{\sigma^2}{n}\left(n + \frac{n s_x^2}{s_x^2}\right) = 2\sigma^2$$

となる. したがって,

$$E\left[\sum_{i=1}^{n}(Y_i - \widehat{Y}_i)^2\right] = E\left[\sum_{i=1}^{n}\varepsilon_i^2\right] - E\left[\sum_{i=1}^{n}\left\{\widehat{Y}_i - (\beta_0 + \beta_1 x_i)\right\}^2\right]$$

$$= n\sigma^2 - 2\sigma^2 = (n-2)\sigma^2$$

が成り立つ. ゆえに, $\widehat{\sigma}^2$ は σ^2 の不偏推定量である. ∎

定理 9.7 $\dfrac{(n-2)\widehat{\sigma}^2}{\sigma^2}$ は自由度 $n-2$ のカイ 2 乗分布 χ_{n-2}^2 に従う.

【証明】 式 (9.20) の右辺第 1 項について,

$$\sum_{i=1}^{n}\left\{\widehat{Y}_i - (\beta_0 + \beta_1 x_i)\right\}^2 = \sum_{i=1}^{n}\left\{\widehat{\beta}_0 + \widehat{\beta}_1 x_i - (\beta_0 + \beta_1 x_i)\right\}^2$$

$$= \sum_{i=1}^{n}\left\{\bar{Y} + \frac{S_{xY}}{s_x^2}(x_i - \bar{x}) - (\beta_0 + \beta_1 x_i)\right\}^2$$

$$= \sum_{i=1}^{n}\left\{\bar{Y} - (\beta_0 + \beta_1 \bar{x}) + \frac{S_{xY} - \beta_1 s_x^2}{s_x^2}(x_i - \bar{x})\right\}^2$$

$$= n\left\{\bar{Y} - (\beta_0 + \beta_1 \bar{x})\right\}^2 + n s_x^2 \left(\frac{S_{xY} - \beta_1 s_x^2}{s_x^2}\right)^2$$

となる. したがって,

$$\frac{1}{\sigma^2}\sum_{i=1}^{n}\left\{\widehat{Y}_i-(\beta_0+\beta_1 x_i)\right\}^2 = \left\{\frac{\bar{Y}-(\beta_0+\beta_1\bar{x})}{\sigma/\sqrt{n}}\right\}^2 + \left(\frac{S_{xY}-\beta_1 s_x^2}{\sigma s_x/\sqrt{n}}\right)^2$$

が成り立つ. 右辺は標準正規分布に従う確率変数の 2 乗和となっているから, 全体として自由度 2 のカイ 2 乗分布 χ_2^2 に従う.

一方, 式 (9.20) の左辺について,

$$\frac{1}{\sigma^2}\sum_{i=1}^{n}\varepsilon_i^2 \sim \chi_n^2$$

である. よって, カイ 2 乗分布の再生性により, 式 (9.20) の右辺第 2 項を σ^2 で除した式について,

$$\frac{1}{\sigma^2}\sum_{i=1}^{n}(Y_i-\widehat{Y}_i)^2 = \frac{(n-2)\widehat{\sigma}^2}{\sigma^2} \sim \chi_{n-2}^2$$

が成り立つ. ∎

定理 9.3 と定理 9.7 より, 以下の定理が成り立つ.

定理 9.8

$$T_{\beta_0} = \frac{\sqrt{n}(\widehat{\beta}_0-\beta_0)}{\widehat{\sigma}\sqrt{1+\left(\frac{\bar{x}}{s_x}\right)^2}} \tag{9.21}$$

$$T_{\beta_1} = \frac{\sqrt{n}(\widehat{\beta}_1-\beta_1)}{\widehat{\sigma}/s_x} \tag{9.22}$$

はいずれも, 自由度 $n-2$ の t 分布に従う.

【証明】 いずれの式も, $\widehat{\beta}_0, \widehat{\beta}_1$ を標準化し, それをカイ 2 乗分布に従う $\dfrac{(n-2)\widehat{\sigma}^2}{\sigma^2}$ を, その自由度 $n-2$ で除した平方根で割ったものとなっている. ∎

また, 定理 9.5 (3) と定理 9.7 より, 以下の定理が成り立つ.

定理 9.9

$$T_{\widehat{Y}_i} = \frac{\sqrt{n}(\widehat{Y}_i-\beta_0-\beta_1 x_i)}{\widehat{\sigma}\sqrt{1+\left(\frac{x_i-\bar{x}}{s_x}\right)^2}} \tag{9.23}$$

は自由度 $n-2$ の t 分布に従う.

【証明】 定理 9.8 と同様に確認できる． ∎

問 9.4 上の定理 9.9 を示せ．

9.2 回帰係数，予測値の区間推定

定理 9.8 より，回帰係数 β_0, β_1 の信頼区間を構成することができる．信頼度を $100\alpha\%$ とすると，

$$P\left(-t_{n-2}\left(\frac{1+\alpha}{2}\right) \leqq T_{\beta_0} \leqq t_{n-2}\left(\frac{1+\alpha}{2}\right)\right) = \alpha$$

であるから，

$$\widehat{\beta}_0 - t_{n-2}\left(\frac{1+\alpha}{2}\right)\frac{\widehat{\sigma}}{\sqrt{n}}\sqrt{1+\left(\frac{\bar{x}}{s_x}\right)^2} \leqq \beta_0$$

$$\leqq \widehat{\beta}_0 + t_{n-2}\left(\frac{1+\alpha}{2}\right)\frac{\widehat{\sigma}}{\sqrt{n}}\sqrt{1+\left(\frac{\bar{x}}{s_x}\right)^2} \quad (9.24)$$

が成立する確率が $100\alpha\%$ であり，$\widehat{\beta}_0$ に実現値を代入したものが，β_0 の 100α パーセント信頼区間となる．同様に，β_1 の信頼区間については，

$$\widehat{\beta}_1 - t_{n-2}\left(\frac{1+\alpha}{2}\right)\frac{\widehat{\sigma}}{\sqrt{n}s_x} \leqq \beta_1 \leqq \widehat{\beta}_1 + t_{n-2}\left(\frac{1+\alpha}{2}\right)\frac{\widehat{\sigma}}{\sqrt{n}s_x} \quad (9.25)$$

によって得られる．

また，単回帰モデルの予測値 $\beta_0 + \beta_1 x_i$ の信頼区間は，定理 9.9 より，

$$\widehat{y}_i - t_{n-2}\left(\frac{1+\alpha}{2}\right)\frac{\widehat{\sigma}}{\sqrt{n}}\sqrt{1+\left(\frac{x_i - \bar{x}}{s_x}\right)^2} \leqq \beta_0 + \beta_1 x_i$$

$$\leqq \widehat{y}_i + t_{n-2}\left(\frac{1+\alpha}{2}\right)\frac{\widehat{\sigma}}{\sqrt{n}}\sqrt{1+\left(\frac{x_i - \bar{x}}{s_x}\right)^2}$$

となる．信頼区間の幅は，x_i が $\bar{x}$ から離れるに従って大きくなっていることに注意しておこう．

例 9.1 表 9.1 のデータに回帰モデルを当てはめ，回帰係数および，予測値の信頼区間を計算してみよう．標本サイズ $n = 20$ である．風速を $x_1, x_2, \ldots, x_n,$

気温を $y_1, y_2, \ldots, y_n$ とすると,

$$\bar{x} = 9.565, \quad s_x^2 = 17.72, \quad \bar{y} = 75.85$$

であり，風速と気温の共分散 s_{xy} は

$$s_{xy} = -30.62$$

となる．したがって，回帰係数 β_0, β_1 の推定値 $\widehat{\beta}_0, \widehat{\beta}_1$ はそれぞれ

$$\widehat{\beta}_1 = \frac{-30.62}{17.72} = -1.73$$
$$\widehat{\beta}_0 = 75.85 - (-1.73 \cdot 9.565) = 92.40$$

となる．また，誤差項の分散の推定値 $\widehat{\sigma}^2$ は

$$\widehat{\sigma}^2 = 65.82$$

となる．

ここで，自由度 $18 (= 20 - 2)$ の t 分布の 97.5 パーセント点は

$$t_{18}(0.975) = 2.10$$

であるから，回帰係数 β_0 の 95 パーセント信頼区間は,

$$92.40 - 2.10\sqrt{\frac{65.82}{20}}\sqrt{1 + \left(\frac{9.565^2}{17.72}\right)} \leqq \beta_0$$
$$\leqq 92.40 + 2.10\sqrt{\frac{65.82}{20}}\sqrt{1 + \left(\frac{9.565^2}{17.72}\right)}$$

と計算でき，

$$82.9 \leqq \beta_0 \leqq 101.9$$

となる．同様に，回帰係数 β_1 の 95 パーセント信頼区間を計算すると,

$$-2.67 \leqq \beta_1 \leqq -0.82$$

となる．また，x_i に対する，予測値の 95 パーセント信頼区間の上限と下限はそれぞれ

$$92.40 - 1.73 x_i \pm 2.10\sqrt{\frac{65.82}{20}}\sqrt{1 + \frac{(x_i - 9.565)^2}{17.72}}$$

である．例えば，風速が 16 mph のところでは，95 パーセント信頼区間は 58 mph から 72 mph となっている．図 9.2 は，予測値の信頼区間を散布図に

9.3 回帰係数の仮説検定

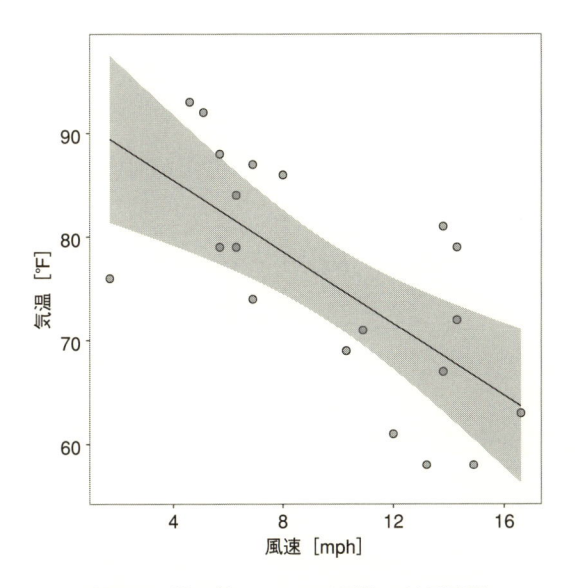

図 9.2　単回帰モデルの予測値の信頼区間

重ね合わせて表示したものである．網掛け部分が予測値の信頼区間を示したものであり，風速の平均値から離れるにつれて信頼区間の幅が広がることが確認できる． □

9.3　回帰係数の仮説検定

定理 9.8 を用いると，回帰係数が 0 であるか否かについての仮説検定を行うことができる．ここでは，回帰係数 β_1 に関する仮説検定

$$H_0 : \beta_1 = 0$$

$$H_1 : \beta_1 \neq 0$$

について考えてみよう．帰無仮説 H_0 が正しいと仮定すると，定理 9.8 から，検定統計量

$$T_{\beta_1} = \frac{\sqrt{n}\,\widehat{\beta}_1}{\widehat{\sigma}/s_x} \tag{9.26}$$

は，自由度 $n-2$ の t 分布に従う．対立仮説は両側仮説であるから，有意水準 α での棄却域を

$$R = \left(-\infty, -t_{n-2}\left(1-\frac{\alpha}{2}\right)\right] \cup \left[t_{n-2}\left(1-\frac{\alpha}{2}\right), +\infty\right)$$

のようにとる. β_0 についての検定も同様に実行することができる.

例 9.2 表 9.1 のデータに対して, 単回帰モデルの回帰係数 β_1 が 0 でないかどうかの検定を有意水準 5 % で行う. 仮説

$$H_0 : \beta_1 = 0$$
$$H_1 : \beta_1 \neq 0$$

において, 仮説 H_0 が正しいとすれば, 検定統計量 T_{β_1} の実現値 t_{β_1} は

$$t_{\beta_1} = \frac{\sqrt{20}(-1.73)}{\sqrt{65.82/17.72}} = -4.01$$

となる. $-t_{18}(0.975) = -2.10$ であるから, $t_{\beta_0} \in R$ となり, 帰無仮説 H_0 は棄却される. したがって, 回帰係数 β_1 は 0 ではないと考えられる. □

問 9.5 β_0 についての検定を考えよ.

9.4 相関係数の仮説検定

ここでは, 表 9.1 における, 風速, 気温の組 (x_i, y_i) $(i = 1, 2, \ldots, n)$ を, 母相関係数 ρ をもつ 2 変量正規分布に従う確率変数 (X_i, Y_i) $(i = 1, 2, \ldots, n)$ の実現値とみなす. 母相関係数の一つの推定量として, 標本相関係数

$$r_{XY} = \frac{S_{XY}}{\sqrt{S_X^2 S_Y^2}} \tag{9.27}$$

が考えられる. ここで,

$$S_{XY} = \frac{1}{n}\sum_{i=1}^{n}(X_i - \bar{X})(Y_i - \bar{Y})$$
$$S_X^2 = \frac{1}{n}\sum_{i=1}^{n}(X_i - \bar{X})^2$$
$$S_Y^2 = \frac{1}{n}\sum_{i=1}^{n}(Y_i - \bar{Y})^2$$

である. このとき, 以下の定理が成立する.

9.4 相関係数の仮説検定

定理 9.10 相関係数 $\rho = 0$ と仮定するとき,

$$T = \frac{\sqrt{n-2}\, r_{XY}}{\sqrt{1-r_{XY}^2}} \tag{9.28}$$

は自由度 $n-2$ の t 分布 t_{n-2} に従う.

【証明】 略. ∎

この定理を用いれば,相関係数が 0 であるか否かに関する仮説検定を行うことができる.例えば,両側検定

$$H_0 : \rho = 0$$
$$H_1 : \rho \neq 0$$

における有意水準 α での棄却域は,

$$R = \left(-\infty, -t_{n-2}\left(\frac{1+\alpha}{2}\right)\right] \cup \left[t_{n-2}\left(\frac{1+\alpha}{2}\right), +\infty\right)$$

となる.左側仮説

$$H_1 : \rho < 0$$

に対しては,

$$R = (-\infty, -t_{n-2}(1-\alpha)]$$

となる.

例 9.3 表 9.1 のデータについて,相関係数 ρ が負であるか否かについて有意水準 1% で検定せよ.

【解】 帰無仮説と対立仮説をそれぞれ

$$H_0 : \rho = 0$$
$$H_1 : \rho < 0$$

のように設定する.H_0 が正しいと仮定すると,定理 9.10 より,検定統計量

$$T = \frac{\sqrt{18}\, r_{XY}}{1-r_{XY}^2}$$

は自由度 18 の t 分布に従う.T の実現値 t は標本相関係数の実現値を r とすると,$r = -0.69$ であるから,

$$t = \frac{\sqrt{18}\, r}{1-r^2} = \frac{\sqrt{18}\,(-0.69)}{1-0.69^2} = -5.51$$

となる．$t_{18}(0.99) = 2.55$ で，H_1 は左側仮説であるので，H_0 に対する棄却域は
$$R = (-\infty, -2.55]$$
となる．したがって，$t \in R$ となり有意水準 1% で帰無仮説は棄却される．よって，相関係数は負であるといえる． □

母相関係数 ρ が 0 でない場合には，以下の定理が利用できる．

定理 9.11 標本相関係数 r_{XY} に対して，
$$Z = \frac{1}{2} \log\left(\frac{1 + r_{XY}}{1 - r_{XY}}\right) \tag{9.29}$$
とする．n が十分大きければ，Z は近似的に正規分布
$$N\left(\zeta, \frac{1}{n-3}\right)$$
に従う．ここで，
$$\zeta = \frac{1}{2} \log\left(\frac{1 + \rho}{1 - \rho}\right)$$
である．

【証明】 略． ■

式 (9.29) の変換を**フィッシャーの z 変換** (Fisher z-transformation) とよぶ．Z は r_{XY} の増加関数であり，関数のグラフは図 9.3 のようになる．一方，

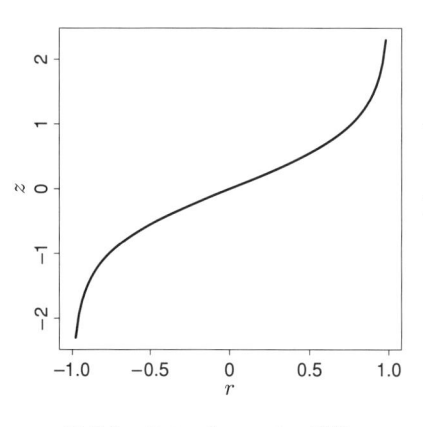

図 9.3 フィッシャーの z 変換

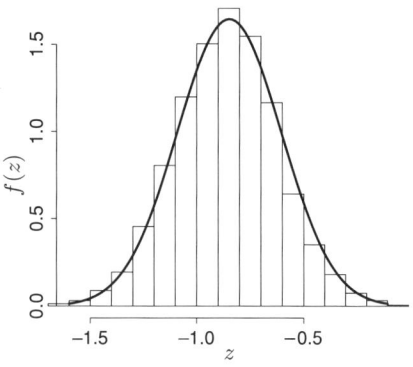

図 9.4 Z の分布

9.4 相関係数の仮説検定

シミュレーションによって Z の観測値を発生させた結果のヒストグラムと，理論分布の密度関数を重ね合わせて表示したものを図 9.4 に示す．シミュレーションは，

$$\mu = (9.565, 75.85)^T, \quad \Sigma = \begin{pmatrix} 17.72 & -30.62 \\ -30.62 & 112.13 \end{pmatrix}$$

をパラメータとする 2 変量正規分布から 20 組の乱数を発生させて，標本相関係数を計算し，さらにフィッシャーの z 変換により Z の実現値を計算するということを 1 万回実行した．パラメータについては，表 9.1 のデータから計算したパラメータの推定値が母集団のパラメータに等しいとして設定している．なお，この場合の母相関係数は $\rho = -0.69$ であり，Z の分布は正規分布 $N(-0.85, 1/\sqrt{17})$ となる．

フィッシャーの z 変換を用いて，帰無仮説

$$H_0 : \rho = \rho_0$$

に対する仮説検定を考えてみよう．H_0 が正しいと仮定すると，n が十分大きければ，定理 9.11 より，Z は近似的に正規分布

$$N\left(\zeta_0, \frac{1}{n-3}\right)$$

に従う．ただし，

$$\zeta_0 = \frac{1}{2} \log \left(\frac{1+\rho_0}{1-\rho_0}\right)$$

である．Z を標準化すると

$$Z_0 = \sqrt{n-3}(Z - \zeta_0) \sim N(0, 1)$$

となる．ここで，対立仮説を左側仮説

$$H_1 : \rho < \rho_0$$

とすると，有意水準 α での棄却域は

$$R = (-\infty, -\Phi^{-1}(1-\alpha)]$$

となる．

例 9.4 表 9.1 のデータについて，相関係数が -0.5 より小さいか否かについて有意水準 5％で検定せよ．

【解】 帰無仮説と対立仮説をそれぞれ

$$H_0 : \rho = 0$$
$$H_1 : \rho < -0.5$$

のように設定する．H_0 が正しいと仮定すると，検定統計量

$$Z_0 = \sqrt{17}(Z - \zeta_0)$$

は標準正規分布に従う．ただし，

$$\zeta_0 = \frac{1}{2}\log\left(\frac{1 - 0.5}{1 - (-0.5)}\right) = -0.55$$

である．Z の実現値 z は

$$z = \frac{1}{2}\log\left(\frac{1 - 0.69}{1 - (-0.69)}\right) = -0.85$$

となるから，Z_0 の実現値 z_0 は

$$z_0 = \sqrt{17}(-0.85 - (-0.55)) = -1.237$$

となる．$\Phi^{-1}(0.95) = 1.645$ より，H_1 に対する有意水準 5％での棄却域は

$$R = (-\infty, -1.645]$$

となる．$z_0 \notin R$ であるから，有意水準 5％で帰無仮説は棄却できない．したがって，相関係数は -0.5 を下回るとはいえない． □

9.5 相関係数の区間推定

定理 9.11 を用いれば，相関係数に対する信頼区間を構成することができる．式 (9.29) の Z を標準化すると標準正規分布に従うことから，信頼度を 100α％とすると，

$$P\left(-\Phi^{-1}\left(\frac{1+\alpha}{2}\right) \leqq \sqrt{n-3}(Z - \zeta) \leqq \Phi^{-1}\left(\frac{1+\alpha}{2}\right)\right) = \alpha$$

となり，カッコの中を ζ についての式にすると，

9.5 相関係数の区間推定

$$Z - \frac{1}{\sqrt{n-3}}\Phi^{-1}\left(\frac{1+\alpha}{2}\right) \leqq \zeta \leqq Z + \frac{1}{\sqrt{n-3}}\Phi^{-1}\left(\frac{1+\alpha}{2}\right)$$

となる．ここで，区間の下限を ζ_L，上限を ζ_U とおくと，

$$\zeta_L \leqq \frac{1}{2}\log\left(\frac{1+\rho}{1-\rho}\right) \leqq \zeta_U$$

と書ける．したがって，

$$\exp(2\zeta_L) \leqq \frac{1+\rho}{1-\rho} \leqq \exp(2\zeta_U)$$

となり，これを ρ についての式に書き直せば，ρ についての 100α パーセント信頼区間

$$\frac{e^{2\zeta_L}-1}{e^{2\zeta_L}+1} \leqq \rho \leqq \frac{e^{2\zeta_U}-1}{e^{2\zeta_U}+1} \tag{9.30}$$

が得られる．

例 9.5 表 9.1 のデータについて，母相関係数 ρ の 95 パーセント信頼区間を求めよ．

【解】 標本相関係数の実現値 $r = -0.69$，$\Phi^{-1}(0.975) = 1.960$ であるから，ζ_L, ζ_U の実現値はそれぞれ

$$\zeta_L = \frac{1}{2}\log\left(\frac{1-0.69}{1-(-0.69)}\right) - \frac{1}{\sqrt{17}}\cdot 1.960 = -1.323$$

$$\zeta_U = \frac{1}{2}\log\left(\frac{1-0.69}{1-(-0.69)}\right) + \frac{1}{\sqrt{17}}\cdot 1.960 = -0.373$$

となる．したがって，ρ の 95 パーセント信頼区間は，

$$\frac{e^{-2\cdot 1.323}-1}{e^{-2\cdot 1.323}+1} \leqq \rho \leqq \frac{e^{-2\cdot 0.373}-1}{e^{-2\cdot 0.373}+1}$$

より，

$$-0.87 \leqq \rho \leqq -0.36$$

となる． □

演習問題

問 1 第 1 章の章末問題 6 で与えられたデータ (p.27) を母集団から抽出された標本であるとみなす．母集団に単回帰モデルを当てはめるとき，以下の問いに答えよ．

(1) 最小二乗法による回帰係数の推定値 $\widehat{\beta}_0, \widehat{\beta}_1$ それぞれについて，95 パーセント信頼区間を求めよ．

(2) $\widehat{\beta}_0, \widehat{\beta}_1$ が 0 であるか否かについて，それぞれ有意水準 5％で検定せよ．

(3) 最小二乗法によって推定された単回帰モデルの予測値の信頼区間を，いくつかの x (平均気温) に対して計算し，散布図上に書き入れよ．

問 2 ある試験を受験した 10 名について，試験のための勉強時間と試験の成績は以下のようであった．

No.	1	2	3	4	5
勉強時間 [時間]	6.6	11.0	4.4	15.4	10.9
成績 [点]	70	78	67	78	88
No.	6	7	8	9	10
勉強時間 [時間]	7.8	6.2	7.6	13.2	7.8
成績 [点]	70	62	74	88	82

(1) このデータの標本相関係数を計算せよ．

(2) 母集団の相関係数の 95 パーセント信頼区間を計算せよ．

(3) 相関係数が 0 であるか否かについて，有意水準 5％で検定せよ．

A
オンライン演習「愛あるって」

A.1 「愛あるって」の理論的背景

　本書に付随したオンライン演習「愛あるって」は，**項目反応理論** (Item Response Theory といい，IRT という略語を用いる) を背景とした新しい評価法を用いている．これまでの評価法では，各問題にはあらかじめ配点が与えられ，それぞれの問題の得点を合計した総得点が評価値であった．同じ試験を多くの人に課せば全員の総得点が得られる．そこから平均や標準偏差を算出すれば，自分の相対的な評価値を偏差値という形で求めることができる．しかし，問題の配点を変えれば総得点が違ってくる場合がある．配点によって評価値が変わるのは公正な評価法とはいえない．そこで，問題の難易度と各受験者の学習熟度とを同時に求めながら，公正で公平な評価法が提案された．これが IRT による評価法である．この理論は，これまでに TOEFL や情報処理検定など多くの公的な場面で適用されている．本書ではこの評価法を用いた演習をオンラインで行うことができる．

　このオンライン演習では，問題の出題時には問題の難易度はすでに与えられている．受験者には，まず平均的なレベルの問題が与えられる．その問題が解けると少し難しい問題が与えられる．解けなければもう少し易しい問題になる．このようにいくつかの問題を解いていくうちに自分の習熟度レベルと問題のレベルとが段々一致してくる．何問か解いた時点で最終的な評価点を出す．これを**アダプティブオンラインテスト**という．

　出題される問題はチャレンジするごとに異なっている．このシステムでは習熟度評価を数値ではなく，S，A，B，C，D の 5 つのグループに分類した結果を表示する．

新しい問題が追加されたり，受験者が増えてくるにつれて，問題の難易度は微妙に違ってくる可能性がある．そこで，このシステムでは，適当な時期に問題の難易度の調整を行っている．したがって，評価された値は評価時点でより公正な値になっている．

IRT では，各問題 j に対する受験者 i の評価確率 $P_j(\theta_i; a_j, b_j)$ が 2 パラメータロジスティック分布である

$$P_j(\theta_i) = \frac{1}{1 + \exp\{-1.7 a_j (\theta_i - b_j)\}} \tag{A.1}$$

に従っていると仮定する．a_j, b_j は問題 j の識別力 (簡単にいうと，問題の良し悪しを表す) と困難度 (文字どおり，問題の難易度を表す) を，θ_i は受験者 i の習熟度を表している．受験者 $i = 1, 2, \ldots, N$ が項目 $j = 1, 2, \ldots, n$ に対して取り組んだ結果，その解答が正答なら $\delta_{ij} = 1$, 誤答なら $\delta_{ij} = 0$ と書き表すと，すべての受験者がすべての問題に挑戦した結果 (これを**反応パターン**という) の確率は，独立事象を仮定すれば，

$$L = \prod_{i=1}^{N} \prod_{j=1}^{n} P_j(\theta_i)^{\delta_{ij}} (1 - P_j(\theta_i))^{1-\delta_{ij}} \tag{A.2}$$

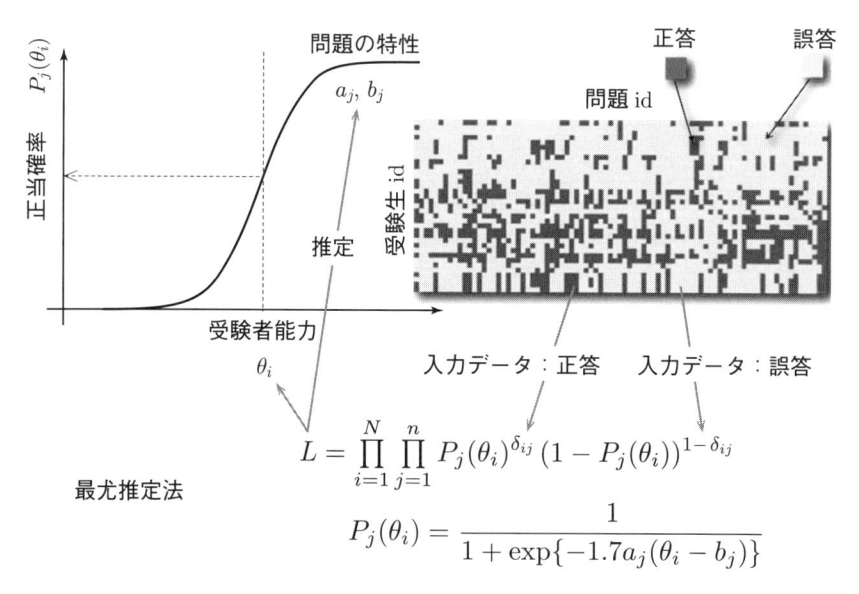

図 A.1 項目反応理論 (IRT) による評価の過程

と表される．これを**尤度関数**という．図 A.1 に，IRT による評価の過程のイメージを示す．

誤答 0 と正答 1 からなる δ_{ij} を式 (A.2) の尤度関数 L に代入し，それを最大にするような a_j, b_j, θ_i を同時に求めるのが IRT による評価法である．

アダプティブテストでは，困難度はあらかじめ与えられているので未知数は θ_i だけと少なくなり，したがって習熟度を推定する計算する手間は IRT よりも簡単になる．ただし，ときおり行う難易度の調整の計算は通常の IRT よりも計算の手間は大きくなる．図 A.2 に，アダプティブオンラインテストの推定過程のイメージを示す．

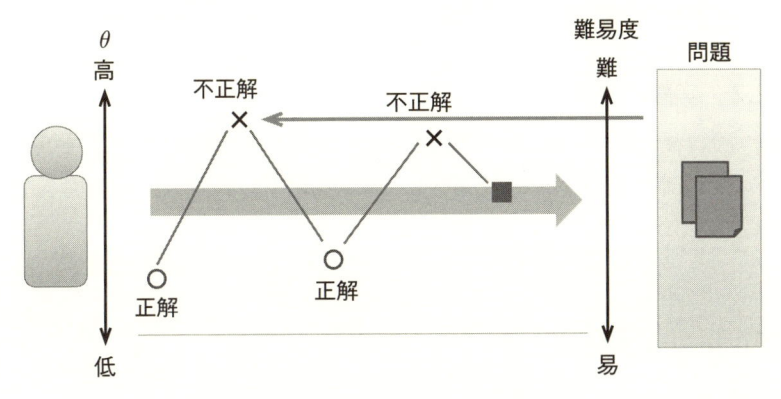

図 A.2　アダプティブテストの推定過程

A.2 「愛あるって」の使い方

A.2.1 初期登録手続き

「愛あるって」では，初期登録を行った後，問題を解答するシステムになっている．

初期登録は以下の手順に従って行う．
1) 培風館のホームページ
    ```
    http://www.baifukan.co.jp/shoseki/kanren.html
    ```
    にアクセスし，本書の「愛あるって」をクリックする．初回のアクセス時には，「接続の安全性を確認できません」というメッセージが表示される

ことがあるが，そのままブラウザの指示に従って進める．

2) システムにアクセスすると，ユーザ名とパスワードが求められる．ここでは，仮に以下のユーザ名とパスワードを入力して「OK」ボタンを押す．

- ユーザ名： guest
- パスワード： irt2014

3) すでにログイン ID をもっているユーザは登録されたユーザ ID とパスワードを入力してログインする．まだ登録していない場合，

「ユーザ ID をお持ちでない方は コチラ 」

をクリックする．その後，ログイン ID，氏名，パスワード，メールアドレス (任意) を入力する．「登録」ボタンを押すと登録が完了する．

A.2.2 実際の利用法

1) 登録後にシステムにログインすると，受験トップ画面 (図 A.3) が現れるので，演習を行いたい章を選択し「試験開始！」ボタンを押す (図 A.4)．

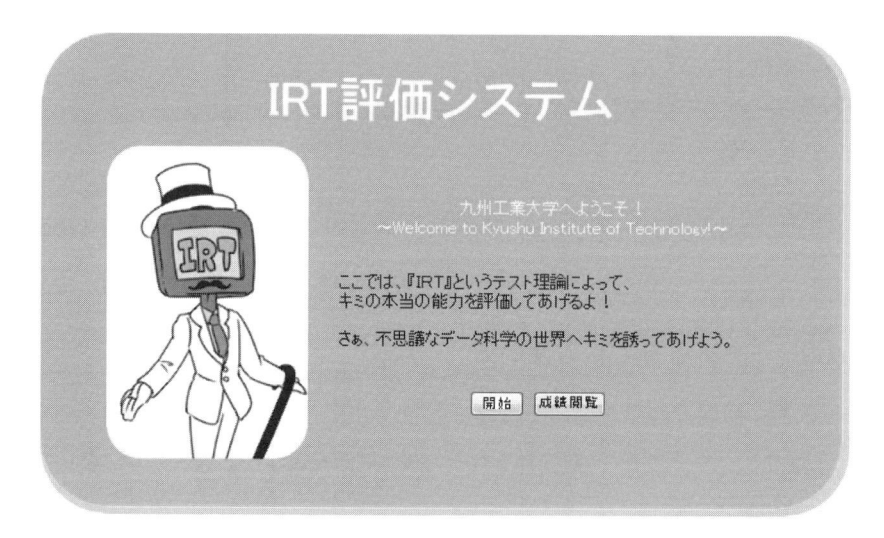

図 A.3 受験トップ画面

A.2 「愛あるって」の使い方 163

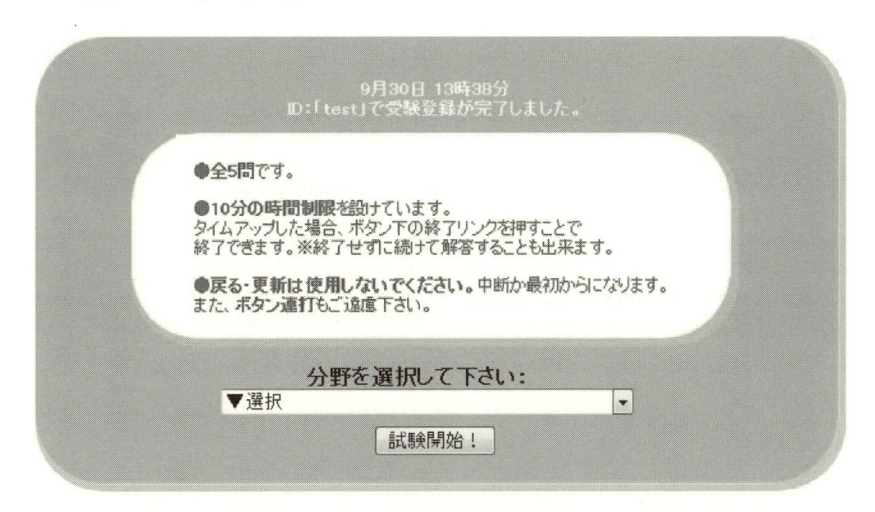

図 A.4 章の選択画面

2) 問題が開始されると図 A.5 のような画面が表示される．問題をよく読み，各問に対応した選択肢から，正解だと思うものを選んでクリックする．解き終えたら「次の問題へ」のボタンを押す．次の問題へ進むと，ページ上部に正解・不正解かを示すアイコンが表示される (図 A.6)．最後の問題を解き終えた場合は「解答して終了」ボタンを押す．

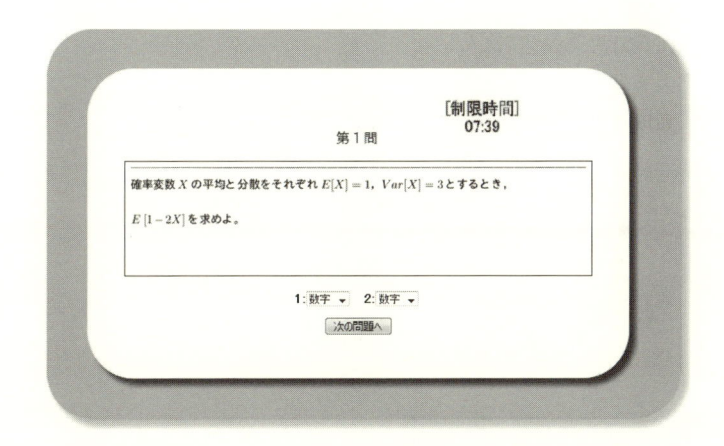

図 A.5 第 1 問目

164　　　　　　　　　　　　　　　　　　　　　A．オンライン演習「愛あるって」

出題中

ようこそ 廣瀬 英雄 さん (ログアウトする)

第2問

(1), (2), (3), (4) に適当な数値か符号を入れよ。

確率変数 X の平均と分散をそれぞれ $E[X] = 1$, $Var[X] = 3$ とするとき，$E[1 - 2X]$ の値は (1)(2)、$Var[1 - 2X]$ の値は (3)(4) である。

(1) ▼選択　(2) ▼選択　(3) ▼選択　(4) ▼選択

回答して次へ

図 A.6　第2問目

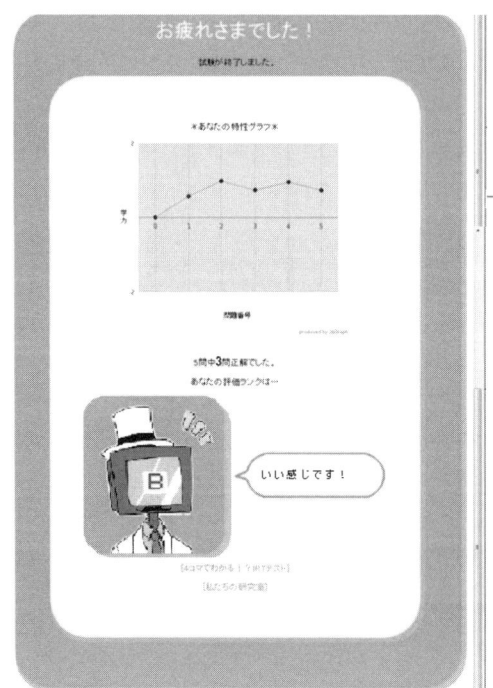

正解： 12

解説：
$E[X^2] = Var[X] + E[X]^2 = 3 + 1^2 = 4$
$Var[1 - 2X] = E[(1 - 2X)^2] - (E[1 - 2X])^2$
$= E[(1 - 2 \cdot 2X + (2X)^2)] - (E[1]^2 - 2E[1] \cdot E[2X] + (E[2X])^2)$
$= E[4X^2] - (E[2X])^2 = 4 \cdot 4 - 2^2 = 16 - 4 = 12$

あるいは
$Var[1 - 2X] = Var[2X] = 4Var[X] = 12$

図 A.7　解説画面

A.2 「愛あるって」の使い方　　　　　　　　　　　　　　　　　　　　　　　　　165

3) 問題を解き終えると，各問題を解くごとに推定されたあなたの習熟度が図 A.7 (左側) のようにグラフ化される．右側上部には，各問題の正答で，あなたの解答と正答が表示される．各問題の「解説」という項目をクリックすれば，解説が表示される．
4) 図 A.3 の「成績閲覧」ボタンをクリックすると過去の成績を閲覧することができる．成績一覧では，過去の習熟度の変化 (図 A.8) や全体におけるあなたのランク (S, A, B, C, D の 5 段階評価) をグラフで見ることができる．

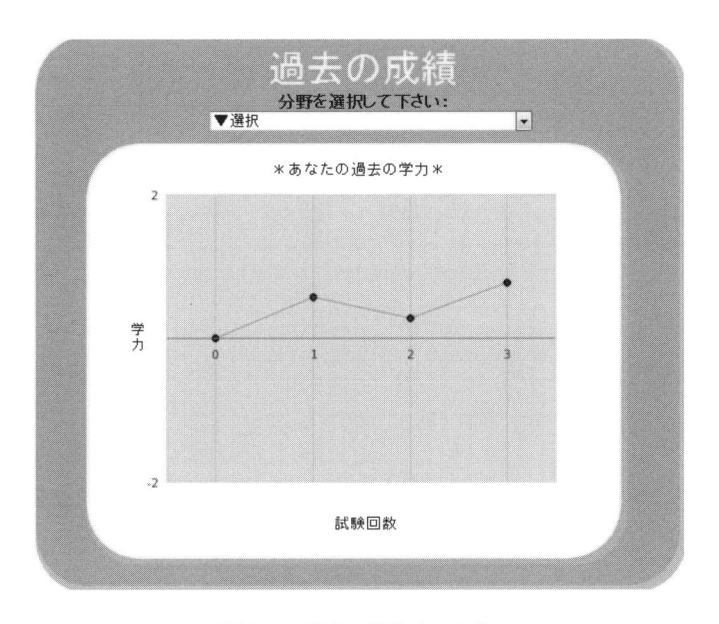

図 A.8　過去の習熟度の変化

演習問題略解

第1章

問1 (1) 平均：$139.9\,°\mathrm{F}$，分散：232.6，標準偏差：$15.3\,°\mathrm{F}$
(2) 平均：$5(139.9-32)/9 = 59.9\,°\mathrm{C}$，分散：$5^2 \cdot 232.6/9^2 = 71.8$，標準偏差：$8.5\,°\mathrm{C}$

問2 式 (1.2), (1.4) より，平均は 50，標準偏差は 10 となる．

問3 不良品を除外した後の重量の合計は，除外前の重量の合計から除外する製品の重量を差し引けばよい．これから除外後の平均がわかる．除外前の重量の 2 乗和は，分散の定義から $\sum x_i^2 = n(s^2 + \bar{x}^2)$ である．これより除外後の重量の 2 乗和を求める．平均は $281.2\,\mathrm{g}$，標準偏差は $13.1\,\mathrm{g}$ となる．

問4 (1) 略
(2) 平均値：$173.05\,\mathrm{cm}$，標準偏差：$5.91\,\mathrm{cm}$
(3) 第1四分位点は昇順に観測値を並べたときの，25 番目と 26 番目の中間の値となる．したがって，第1四分位点は $165\sim170\,\mathrm{cm}$ の階級に存在する．同様に，第2四分位点，第3四分位点はそれぞれ，$170\sim175\,\mathrm{cm}$，$175\sim180\,\mathrm{cm}$ の階級に存在する．
(4) 略

問5 (1) 略
(2) $y = -0.00904x + 28.9$
(3) 相関係数：-0.52，決定係数：0.27
(4) 略
(5) $y = -0.0102x + 28.1$
(6) 相関係数：-0.89，決定係数：0.80
(7) 回帰直線：$y = -0.0118x + 39.0$，
車両重量 $1400\,\mathrm{kg}$ の燃費値：$-0.0118 \cdot 1400 + 39.0 = 22.5\,\mathrm{km}/\ell$

問6 (1) 略
(2) $y = 211x + 566$
(3) 相関係数：0.96，決定係数：0.93
(4) 3393 台

第 2 章

問 1 (1) $P(|X| \leqq 0.5) = P(\frac{\pi}{3} \leqq \theta \leqq \frac{2\pi}{3}) = \frac{\pi}{3}$. 同様に $P(|Y| \leqq 0.5) = \frac{\pi}{3}$. 一方, $P(|X| \leqq 0.5, |Y| \leqq 0.5) = 0$.

(2) X, Y は無相関であることを示せ. $\mathrm{Cov}(X, Y) = 0$

問 2 (1) $\frac{1}{400}(t-20)$ $(20 \leqq t \leqq 40)$, $-\frac{1}{400}(t-60)$ $(40 \leqq t \leqq 60)$

(2) 1 世代目が誕生するまでの時間の分散は, $\int_{10}^{30}(t-20)^2 \frac{1}{20}\,dt = \frac{100}{3}$ なので, 101 世代目が誕生するまでの時間の分散は $\frac{10000}{3}$. したがって, 標準偏差は $\frac{100}{\sqrt{3}} \approx 57.7$.

(3) 101 世代目が誕生するまでにかかる時間を T とする. $T \sim N(2000, \frac{10000}{3})$ と考えると, $P(T \leqq 1900) \approx P(Z \leqq \frac{2000-1900}{\sqrt{10000/3}}) \approx P(Z \leqq 1.73) \approx 0.0418$.

問 3 (1) 25 %

(2) 「A 型」と言えばよい. 40 % になる.

(3) A 型は 16 %, O 型は 9 %, B 型は 4 %, AB 型は 1 % なので合計すると 30 % になる.

第 3 章

問 1 期待値は $1 + \frac{5}{4} + \frac{5}{3} + \frac{5}{2} + \frac{5}{1} = 11.4$.

分散は $0 + (1-\frac{4}{5})/(\frac{4}{5})^2 + (1-\frac{3}{5})/(\frac{3}{5})^2 + (1-\frac{2}{5})/(\frac{2}{5})^2 + (1-\frac{1}{5})/(\frac{1}{5})^2 = 25.2$.

問 2 (1) $E[T] = \int_0^\infty t\exp(-\lambda t)\,dt = \frac{1}{\lambda}$

(2) $P(T \leqq h) = \frac{1}{2}$ となる h が半減期. $1 - \exp(-\lambda h) = \frac{1}{2}$ より, $E[T] = \frac{1}{\lambda} = \frac{h}{\log 2} = \frac{70}{\log 2} \approx \frac{70}{0.7} = 100$ となる.

問 3 (1) $u = (60-50)/6 = 1.67$ より, $1 - \Phi(1.67) = 0.048$.

(2) 女性 2 人は $N(100, (\sqrt{2} \times 6)^2)$ に従うので, $u = (120-100)/(\sqrt{2} \times 6) = 2.357$ より, $1 - \Phi(2.357) = 0.009$.

(3) 男性 2 人は $N(120, (\sqrt{2} \times 8)^2)$ に従い, 女性 3 人は $N(150, (\sqrt{3} \times 6)^2)$ に従う. 女性 − 男性 の分布は, $N(30, (\sqrt{236})^2)$ に従う. $P($女性 − 男性 $> 0)$ を求める. $u = (0-30)/\sqrt{236} = -1.9528$ より, $1 - \Phi(1.9528) = 1 - 0.0256 = 0.975$.

第 4 章

問 1 (1) $P(1-U \leqq x) = P(U \geqq 1-x) = 1 - (1-x) = x$

(2) $w \leqq x \iff F(w) \leqq F(x)$

事象 $(F^{-1}(U) \leqq x) \iff$ 事象 $(F(F^{-1}(U)) \leqq F(x))$

$F(F^{-1}(U)) = U$, ${}^\forall U \in (0,1)$

$P(F^{-1}(U) \leqq x) = P(F(F^{-1}(U)) \leqq F(x)) = P(U \leqq F(x)) = F(x)$

(3) $F(x) = 1 - e^{-x}$ とする. $x = F^{-1}(u)$ より $u = F(x) = 1 - e^{-x}$. よって $1 - u = e^{-x}$. したがって $x = -\log(1-u)$.

ゆえに $X = F^{-1}(U) = -\log(1-U)$. $\therefore X = -\log(1-U)$
$X = -\log(U)$

問 2 (1) 5 問中 3 問以上解ければよいので，正解率を $p = 0.8$ として
$$\sum_{i=3}^{5} \binom{20}{i} p^i (1-p)^{5-i} = 0.94208$$

参考：二項分布近似して，$\mu = np = 5 \times \frac{4}{5} = 4$, $\sigma^2 = npq = 5 \times \frac{4}{5} \times \frac{1}{5} = \frac{4}{5}$ で $\sigma = \sqrt{\frac{4}{5}}$ から，$(4 - 0.5 - 3)/\sqrt{\frac{4}{5}} = -1.68$ なので，$P(Z > -1.68) = 1 - 0.046 = 0.954$.

(2) 20 問中 12 問以上解ければよいので，正解率を $p = 0.4$ として
$$\sum_{i=12}^{20} \binom{20}{i} p^i (1-p)^{20-i} = 0.0565264$$

参考：二項分布近似して，$\mu = np = 20 \times \frac{2}{5} = 8$, $\sigma^2 = npq = 20 \times \frac{2}{5} \times \frac{3}{5} = \frac{24}{5}$ で $\sigma = 2\sqrt{\frac{6}{5}}$ から，$(12 - 0.5 - 8)/\left(2\sqrt{\frac{6}{5}}\right) = 1.6$ なので，$P(Z > 1.6) = 0.055$.

問 3 (1) $P(X = k) = (1-p)^{k-1} p$
(2) $E[X] = 1 \cdot p + 2 \cdot (1-p)p + \cdots + k \cdot (1-p)^{k-1} p + \cdots = \frac{1}{p}$
(3) $q = 1 - p$, $t = 1 - s$ とおく．
$$P(X < Y) = \sum_{y=2}^{\infty} P(X < y) P(Y = y) = \sum_{y=2}^{\infty} \left(\sum_{k=1}^{y-1} P(X = k)\right) P(Y = y)$$
ここで $\sum_{k=1}^{y-1} P(X = k) = p + qp + \cdots + q^{y-2} p = p \frac{1 - q^{y-1}}{1 - q} = 1 - q^{y-1}$ なので，
$$P(X < Y) = \sum_{y=2}^{\infty} (1 - q^{y-1}) t^{y-1} s = s \sum_{y=1}^{\infty} (t^y - (qt)^y) = s \left(\frac{t}{1-t} - \frac{qt}{1-qt}\right)$$
$$= t\left(1 - \frac{qs}{1-qt}\right) = t\left(\frac{1 - q(s+t)}{1-qt}\right) = t\left(\frac{1-q}{1-qt}\right) = \frac{pt}{1-qt}.$$

参考：同様に，$P(Y < X) = \frac{qs}{1-qt}$,
$$P(X = Y) = \sum_{k=1}^{\infty} (q^{k-1} p)(t^{k-1} s) = \frac{ps}{1-qt}.$$
したがって，$P(X < Y) + P(X = Y) + P(X > Y) = \frac{pt}{1-qt} + \frac{ps}{1-qt} + \frac{qs}{1-qt} = \frac{pt + ps + qs}{1 - ps} = \frac{p + qs}{1-qt} = \frac{p + (1-p)s}{1 - (1-p)(1-s)} = \frac{p + s - ps}{p + s - ps} = 1$ であることが確認できる．特に $p = s = \frac{1}{2}$ のとき，$P(X < Y) = P(X > Y) = P(X = Y) = \frac{1}{3}$.

問 4 (1) $u(x) = 6e^{-2x}(1 - e^{-x})$ (2) $\text{Var}[D] = \frac{13}{36}$
(3) $E[L] = \int_0^{\infty} 3x e^{-x}(1 - e^{-x})^2 dx = \frac{11}{6}$

(4) $\mathrm{Var}[S] = \int_0^\infty 3\left(x - \frac{1}{3}\right)^2 e^{-3x} dx = \frac{1}{9}$

(5) $g(x) = \int_0^x 3e^{-3t} \cdot 3(1 - e^{-(x-t)})^2 dt = \frac{9}{2}\{(3+2x)e^{-3x} - 4e^{-2x} + e^{-x}\}$

(6) $E[L-S] = E[L] - E[S] = \frac{11}{6} - \frac{1}{3} = \frac{3}{2}$

(7) $\int_0^x e^{-t} \cdot (1 - e^{-(x-t)}) \, dt = xe^{-x}, \int_0^x e^{-t} \cdot (x-t)(1 - e^{-(x-t)}) \, dt = \frac{1}{2}x^2 e^{-x}$

より,$h(x) = 3\frac{1}{2}(3x)^2 e^{-3x} = \frac{27}{2}x^2 e^{-3x}$.

(8) $\mathrm{Var}[M] = 3\frac{1}{3^2} = \frac{1}{3}$ (9) $q(x) = \frac{1}{2\sqrt{x}} e^{-\sqrt{x}}$

問 5 (1) 独立な指数分布 2 個の和なので $E[X] = \frac{2}{\lambda}$

(2) 独立な指数分布 2 個の和なので $\mathrm{Var}[Y] = \frac{2}{\lambda^2}$

(3) 独立な指数分布 1 個と独立な指数分布 2 個の和なので

$P(3X \leqq t) = P\left(X \leqq \frac{t}{3}\right) = 1 - \exp\left(-\lambda\frac{t}{3}\right)$ から,密度関数は $\frac{\lambda}{3}\exp\left(-\frac{\lambda}{3}t\right)$ $(t > 0)$.

(4) パラメータ $(\lambda, 3)$ のガンマ分布に従うので,$\frac{\lambda^3}{2}t^2 \exp(-\lambda t)$ $(t > 0)$.

(5) $3X$ の分散は $\frac{3^2}{\lambda^2} = \frac{9}{\lambda^2}$,$X+Y$ の分散は $\frac{1^2 + 2^2}{\lambda^2} = \frac{5}{\lambda^2}$.

問 6 (1) R の定義域は $0 \leqq R \leqq \pi$ であり,点 P が $0 \leqq R \leqq \frac{\pi}{2}$ にある確率と $\frac{\pi}{2} \leqq R \leqq \pi$ にある確率は等しいので,$P\left(R \leqq \frac{\pi}{2}\right) = \frac{1}{2}$.

(2) R が一定値 r となるときの ON と OQ のなす角を θ とすると,$\theta = \frac{r}{1} = r$ である.球面状で θ が一定となる円周の長さ l は $2\pi\sin\theta$ である.したがって,$l = 2\pi\sin r$ となる.

(3) 球面状で θ が一定となる円周の長さ l は $2\pi\sin\theta$ であるから,そこでの帯状の微小面積は $l\,d\theta$ である.したがって,$R \leqq \theta$ となる面積は,$0 \leqq \phi \leqq \theta$ の範囲にある表面積に等しく,

$$\int_0^\theta (2\pi\sin\phi) \cdot (d\phi) = 2\pi \int_0^\theta \sin\phi \, d\phi = 2\pi(1 - \cos\theta)$$

になる.球の表面積は 4π であるから,全体に対する表面積の比は $\frac{1}{2}(1-\cos\theta)$ となり,

$$F(r) = P(R \leqq r) = P(R \leqq \theta) = \frac{1}{2}(1-\cos\theta) = \frac{1}{2}(1-\cos r) \quad (0 \leqq r \leqq \pi).$$

(4) 分布関数 $F(r)$ を r で微分して,$f(r) = \frac{1}{2}\sin r$ $(0 \leqq r \leqq \pi)$.

(5) $E[R] = \int_0^\pi r \cdot \frac{1}{2}\sin r\, dr = \frac{\pi}{2}$

(6) (1)から $P\left(R \leqq \frac{\pi}{2}\right) = \frac{1}{2}$ が得られているので，$M[R] = \frac{\pi}{2}$.

(7) $E[R^2] = \int_0^\pi r^2 \cdot \frac{1}{2}\sin r\, dr = \frac{\pi^2 - 4}{2}$ から，

$$\mathrm{Var}[R] = E[R^2] - E[R]^2 = \frac{\pi^2 - 4}{2} - \left(\frac{\pi}{2}\right)^2 = \frac{\pi^2}{4} - 2$$

(8) $P(S_k > s) = P(R_1 > s, \ldots, R_k > s)$
$$= P(R_1 > s) \cdots P(R_k > s) = \frac{1}{2^k}(1 + \cos s)^k$$

より

$$F_{S_k}(s) = 1 - \frac{1}{2^k}(1 + \cos s)^k$$

(9) $P(T_k \leqq t) = P(R_1 \leqq t, \ldots, R_k \leqq t)$
$$= P(R_1 \leqq t) \cdots P(R_k \leqq t) = \frac{1}{2^k}(1 - \cos t)^k$$

より

$$F_{T_k}(t) = \frac{1}{2^k}(1 - \cos t)^k$$

(10) すべての $0 < s < \pi$ に対して，$P(S_k \leqq s) \to 0 \ (k \to \infty)$. 同様に，すべての $0 < t < \pi$ に対して，$P(T_k \leqq t) \to 1 \ (k \to \infty)$. したがって，$\lim_{k\to\infty}(T_k - S_k) = \pi$, あるいは，

$$P\left(\pi - \delta \leqq \lim_{k\to\infty}(T_k - S_k) \leqq \pi + \delta\right) < \varepsilon$$

(11) $1 - \cos(2\alpha) = 2\sin^2\alpha$ を利用すると，

$$U = 2\pi(1 - \cos(R)) = 2\pi\left(2\sin^2\left(\frac{R}{2}\right)\right)$$

であるから，

$$F_U(u) = P(U \leqq u) = P\left(2\pi\left(2\sin^2\left(\frac{R}{2}\right)\right) \leqq u\right) = P\left(\sin^2\left(\frac{R}{2}\right) \leqq \frac{u}{4\pi}\right)$$

$$= P\left(\sin\left(\frac{R}{2}\right) \leqq \sqrt{\frac{u}{4\pi}}\right) = P\left(R \leqq 2\arcsin\left(\frac{1}{2}\sqrt{\frac{u}{\pi}}\right)\right)$$

$$= \frac{1}{2}\left(1 - \cos\left(2\arcsin\left(\frac{1}{2}\sqrt{\frac{u}{\pi}}\right)\right)\right)$$

(12) $E[W_k] = \frac{1}{k}\sum_{i=1}^k \frac{\pi}{2} = E[R] = \frac{\pi}{2}$

$\mathrm{Var}[W_k] = \frac{1}{k^2}\sum_{i=1}^k \mathrm{Var}[R_i] = \frac{1}{k}\mathrm{Var}[R] = \frac{1}{k}\left(\frac{\pi^2}{4} - 2\right)$

第 5 章

問 1 (1) $P_3 = {}_3C_2 \times p^2 \times (1-p) + {}_3C_3 \times p^3 = 3p^2(1-p) + p^3 = 3p^2 - 2p^3$

(2) 81人の正解数は二項分布に従う．その平均は $81p = 54$ で，分散は $81p(1-p) = 18$. したがって標準偏差は $\sqrt{18}$. 54 と 81 の真ん中 40.5 との距離は 13.5. $13.5/\sqrt{18} \approx 3.18$. 正規分布表から $P_{81} \approx 0.9993$.

(3) 平均は $(2m+1)p = (2m+1)/3$ で中央から $m+1-(2m+1)/3 \approx m/3$ だけ離れ，分散は $2(2m+1)/3$ なので，標準偏差は $\sqrt{2(2m+1)/3} \approx 2\sqrt{m/3}$. $(m/3)/(2\sqrt{m/3}) = \sqrt{m/3}/2 \to \infty$ $(m \to \infty)$ なので，$P_{2m+1} \to 0$.

問 2 (1) 1つの流星に気がついて "wow" と言う確率を p とすると，$p = \dfrac{1}{100}$. 一度も気がつかない確率は，$\left(1 - \dfrac{1}{100}\right)^{100} \approx e^{-1} \approx 0.37$.

(2) 1回目の流星で "wow" と言う声が k 回上がる確率は，$n = 100$ 人と考えて，${}_nC_k\, p^k (1-p)^{n-k}$ の二項分布 $B(n,p)$ に従うと考えられる．つまり，"wow" と言う声の回数の分布は平均 1, 標準偏差 1 の正規分布で近似できる．これが 100 回繰り返されるので，総回数の分布は平均 100, 標準偏差 10 の正規分布で近似できるので，対称性からほぼ $\frac{1}{2}$. 正確には，

$$\int_{99.5}^{\infty} \frac{1}{20\sqrt{\pi}} \exp\left\{-\frac{(x-100)^2}{200}\right\} dx \approx 0.52$$

(3) 1つ目の流星で誰も "wow" と言わない確率 q は e^{-1} なので，誰かが言う確率 p は $1 - e^{-1}$. したがって，"wow" が聞こえる回数の分布は，平均 $100p = 100(1-e^{-1}) \approx 63$, 標準偏差 $10\sqrt{e^{-1}(1-e^{-1})} \approx 4.8$ の正規分布で近似できるので，$\frac{63-50}{4.8} = 2.7$ から，ほぼ 99.7 %.

(4) $P(N=k) = e^{-\lambda}\dfrac{\lambda^k}{k!}$ から，$\lambda = 1$ なので $e^{-1} \cdot 1 = 0.37$.

第 6 章

問 1 (1) 平均：$17.4\,\mu\text{g/m}^3$, 標準偏差：$1.5\,\mu\text{g/m}^3$

(2) (母分散未知，t 分布による区間推定) PM2.5 の濃度の平均を μ とするとき，$15.8 \leqq \mu \leqq 19.0$.

(3) 広くなる

問 2 (標本サイズが十分大きいため，母分散既知，正規分布による区間推定) 1年間の電気料金の世帯平均を μ とするとき，$128606 \leqq \mu \leqq 131182$.

問 3 (母比率の区間推定) 環境税の支持率を p とするとき，$0.43 \leqq p \leqq 0.63$. 信頼区間幅を 0.05 以下にするには，$n = 20^2 \cdot 4 \cdot 1.96^2 \cdot 0.53 \cdot 0.47 = 1532$ 世帯以上を調査する必要がある．

問 4 (母分散の区間推定) CO_2 排出量の測定値の標準偏差を σ とすると，$8.5 \leqq \sigma \leqq 23.5$.

演習問題略解　　　173

第 7 章

問 1　p 値は $1 - \Phi\left(\dfrac{0.07}{0.010/\sqrt{10}}\right) = 0.01$ となる．有意水準 5％で帰無仮説 $H_0 : \mu = 20.000$ は棄却される．したがって，大きくなっているといえる．

問 2　平均値 $\bar{x} = 34.025$，不偏分散 $u^2 = 0.91^2$ で，p 値は $t_3\left(\dfrac{\bar{x} - 35}{u/\sqrt{3}}\right) = 0.061$ となる．有意水準 5％で帰無仮説 $H_0 : \mu = 35.0$ は棄却できない．したがって，環境基準を下回っているとはいえない．

問 3　標本比率の実現値 $\widehat{p} = \dfrac{106}{200} = 0.53$ で，p 値は $1 - \Phi\left(\dfrac{\widehat{p} - 0.5}{\sqrt{\widehat{p}(1-\widehat{p})/200}}\right) = 0.198$ となる．有意水準 10％で帰無仮説 $H_0 : p = 0.5$ は棄却できない．したがって，賛成率は 50％よりも高いとはいえない．

問 4　不偏分散 $u^2 = 0.02^2$ で，p 値は $\chi_4(4u^2/0.03^2) = 0.23$ となる．有意水準 10％で帰無仮説 $H_0 : \sigma^2 = 0$ は棄却できない．したがって，標準偏差は 0.03 [mg] 以内であるとはいいきれない．

問 5　この検定による棄却域は $R = (-\infty, 68 - 1.96] \cup [68 + 1.96, +\infty)$ である．$\mu = 71$ のもとでの検出率は，$P(\bar{X} \in R) = 0.85$．

第 8 章

問 1　共通の分散の推定値は $u^2 = \dfrac{7 \cdot 0.25 + 9 \cdot 0.36}{16} = 0.31$．自由度 16 の t 分布に従う検定統計量 T の実現値 $t = \dfrac{25.8 - 26.3}{\sqrt{(1/8 + 1/10)u^2}} = -1.89$．左側検定であるから，棄却域を左側にとると，$t < t_{16}(0.05) = -1.74$ となり，強度が等しいという仮説は棄却される．したがって，建物 B のほうが強度が強いといえる．

問 2　ウェルチ検定を行う．検定統計量 T_W が従う t 分布の自由度 $\phi = 4.71$ となる．T_W の実現値は $t_w = \dfrac{25.8 - 26.3}{\sqrt{0.25/8 + 0.36/10}} = -1.92$．一方，$t > t_{4.71}(0.05) = -2.04$ となり，強度が等しいという帰無仮説は棄却されない．したがって，この場合には建物 B のほうが強度が強いとはいいきれない．

問 3　2 つの工場をあわせた場合の，労働環境に満足している従業員比率は $\widehat{p} = 0.5625$．これを用いて，検定統計量 Z の実現値 $z = \dfrac{83/150 - 97/170}{\sqrt{(1/150 + 1/170) \cdot 0.5625 \cdot (1 - 0.5625)}} = -0.31$ が得られる．$z > \Phi(0.05) = -1.645$ となるので，割合が等しいという帰無仮説は棄却できない．つまり工場 B のほうが労働環境がよいとはいいきれない．工場 A, B での比率をそれぞれ p_A, p_B とすると，$p_A - p_B$ の 95 パーセント信頼区間は，$-0.13 \leqq p_A - p_B \leqq 0.09$ となる．

第9章

問1 (1) 誤差項の分散の推定値 $\widehat{\sigma}^2 = 148703.5$, 自由度 10 の t 分布の 97.5 パーセント点 $t_{10}(0.975) = 2.23$ より, 回帰係数の 95 パーセント信頼区間 $-272 \leqq \widehat{\beta}_0 \leqq 1405$, $169 \leqq \widehat{\beta}_1 \leqq 254$ が得られる.

(2) T_{β_0} の実現値 $t_{\beta_0} = 1.50 < t_{10}(0.975) = 2.23$ となり, 5% では有意とならない. 一方, T_{β_1} の実現値 $t_{\beta_1} = 11.15 > t_{10}(0.975) = 2.23$ となり, 5% で有意となる.

(3) 略

問2 (1) $\rho = 0.70$

(2) $0.13 \leqq \rho \leqq 0.92$

(3) 検定統計量 T の実現値 $t = 2.78 > t_8(0.975) = 2.31$ となり, 有意水準 5% で相関係数は 0 でないと判断される.

付　表

付表 1　標準正規分布表

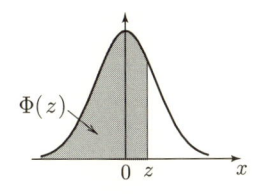

z	.00	.01	.02	.03	.04	.05	.06	.07	.08	.09
.0	.5000	.5040	.5080	.5120	.5160	.5199	.5239	.5279	.5319	.5359
.1	.5398	.5438	.5478	.5517	.5557	.5596	.5636	.5675	.5714	.5753
.2	.5793	.5832	.5871	.5910	.5948	.5987	.6026	.6064	.6103	.6141
.3	.6179	.6217	.6255	.6293	.6331	.6368	.6406	.6443	.6480	.6517
.4	.6554	.6591	.6628	.6664	.6700	.6736	.6772	.6808	.6844	.6879
.5	.6915	.6950	.6985	.7019	.7054	.7088	.7123	.7157	.7190	.7224
.6	.7257	.7291	.7324	.7357	.7389	.7422	.7454	.7486	.7517	.7549
.7	.7580	.7611	.7642	.7673	.7703	.7734	.7764	.7794	.7823	.7852
.8	.7881	.7910	.7939	.7967	.7995	.8023	.8051	.8078	.8106	.8133
.9	.8159	.8186	.8212	.8238	.8264	.8289	.8315	.8340	.8365	.8389
1.0	.8413	.8438	.8461	.8485	.8508	.8531	.8554	.8577	.8599	.8621
1.1	.8643	.8665	.8686	.8708	.8729	.8749	.8770	.8790	.8810	.8830
1.2	.8849	.8869	.8888	.8907	.8925	.8944	.8962	.8980	.8997	.9^1 47
1.3	.9^1 320	.9^1 490	.9^1 658	.9^1 824	.9^1 988	.9^1 149	.9^1 309	.9^1 466	.9^1 621	.9^1 774
1.4	.9^1 924	.9^2 073	.9^2 220	.9^2 364	.9^2 507	.9^2 647	.9^2 785	.9^2 922	.9^3 056	.9^3 189
1.5	.93319	.93448	.93574	.93699	.93822	.93943	.94062	.94179	.94295	.94408
1.6	.94520	.94630	.94738	.94845	.94950	.95053	.95154	.95254	.95352	.95449
1.7	.95543	.95637	.95728	.95818	.95907	.95994	.96080	.96164	.96246	.96327
1.8	.96407	.96485	.96562	.96638	.96712	.96784	.96856	.96926	.96995	.97062
1.9	.97128	.97193	.97257	.97320	.97381	.97441	.97500	.97558	.97615	.97670
2.0	.97725	.97778	.97831	.97882	.97932	.97982	.98030	.98077	.98124	.98169
2.1	.98214	.98257	.98300	.98341	.98382	.98422	.98461	.98500	.98537	.98574
2.2	.98610	.98645	.98679	.98713	.98745	.98778	.98809	.98840	.98870	.98899
2.3	.98928	.98956	.98983	.9^{2}0097	.9^{2}0358	.9^{2}0613	.9^{2}0863	.9^{2}1106	.9^{2}1344	.9^{2}1576
2.4	.9^{2}1802	.9^{2}2024	.9^{2}2240	.9^{2}2451	.9^{2}2656	.9^{2}2857	.9^{2}3053	.9^{2}3244	.9^{2}3431	.9^{2}3613
2.5	.9^{2}3790	.9^{2}3963	.9^{2}4132	.9^{2}4297	.9^{2}4457	.9^{2}4614	.9^{2}4766	.9^{2}4915	.9^{2}5060	.9^{2}5201
2.6	.9^{2}5339	.9^{2}5473	.9^{2}5604	.9^{2}5731	.9^{2}5855	.9^{2}5975	.9^{2}6093	.9^{2}6207	.9^{2}6319	.9^{2}6427
2.7	.9^{2}6533	.9^{2}6636	.9^{2}6736	.9^{2}6833	.9^{2}6928	.9^{2}7020	.9^{2}7110	.9^{2}7197	.9^{2}7282	.9^{2}7365
2.8	.9^{2}7445	.9^{2}7523	.9^{2}7599	.9^{2}7673	.9^{2}7744	.9^{2}7814	.9^{2}7882	.9^{2}7948	.9^{2}8012	.9^{2}8074
2.9	.9^{2}8134	.9^{2}8193	.9^{2}8250	.9^{2}8305	.9^{2}8359	.9^{2}8411	.9^{2}8462	.9^{2}8511	.9^{2}8559	.9^{2}8605
3.0	.9^{2}8650	.9^{2}8694	.9^{2}8736	.9^{2}8777	.9^{2}8817	.9^{2}8856	.9^{2}8893	.9^{2}8930	.9^{2}8965	.9^{2}8999
3.1	.9^{3}0324	.9^{3}0646	.9^{3}0957	.9^{3}1260	.9^{3}1553	.9^{3}1836	.9^{3}2112	.9^{3}2378	.9^{3}2636	.9^{3}2886
3.2	.9^{3}3129	.9^{3}3363	.9^{3}3590	.9^{3}3810	.9^{3}4024	.9^{3}4230	.9^{3}4429	.9^{3}4623	.9^{3}4810	.9^{3}4991
3.3	.9^{3}5166	.9^{3}5335	.9^{3}5499	.9^{3}5658	.9^{3}5811	.9^{3}5959	.9^{3}6103	.9^{3}6242	.9^{3}6376	.9^{3}6505
3.4	.9^{3}6631	.9^{3}6752	.9^{3}6869	.9^{3}6982	.9^{3}7091	.9^{3}7197	.9^{3}7299	.9^{3}7398	.9^{3}7493	.9^{3}7585

この表は，ガットマン・ウィルクス著／石井恵一・堀 素夫訳「工科系のための 統計概論」培風館 (1968) より再録したものである．

付表 2 t 分布表

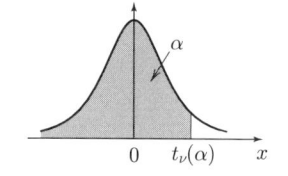

α \ ν	0.75	0.875	0.95	0.975	0.9875	0.995	0.9975
1	1.00000	2.4142	6.3138	12.706	25.452	63.657	127.32
2	0.81650	1.6036	2.9200	4.3027	6.2053	9.9248	14.089
3	0.76489	1.4226	2.3534	3.1825	4.1765	5.8409	7.4533
4	0.74070	1.3444	2.1318	2.7764	3.4954	4.6041	5.5976
5	0.72669	1.3009	2.0150	2.5706	3.1634	4.0321	4.7733
6	0.71756	1.2733	1.9432	2.4469	2.9687	3.7074	4.3168
7	0.71114	1.2543	1.8946	2.3646	2.8412	3.4995	4.0293
8	0.70639	1.2403	1.8595	2.3060	2.7515	3.3554	3.8325
9	0.70272	1.2297	1.8331	2.2622	2.6850	3.2498	3.6897
10	0.69981	1.2213	1.8125	2.2281	2.6338	3.1693	3.5814
11	0.69745	1.2145	1.7959	2.2010	2.5931	3.1058	3.4966
12	0.69548	1.2089	1.7823	2.1788	2.5600	3.0545	3.4284
13	0.69384	1.2041	1.7709	2.1604	2.5326	3.0123	3.3725
14	0.69242	1.2001	1.7613	2.1448	2.5096	2.9768	3.3257
15	0.69120	1.1967	1.7530	2.1315	2.4899	2.9467	3.2860
16	0.69013	1.1937	1.7459	2.1199	2.4729	2.9208	3.2520
17	0.68919	1.1910	1.7396	2.1098	2.4581	2.8982	3.2225
18	0.68837	1.1887	1.7341	2.1009	2.4450	2.8784	3.1966
19	0.68763	1.1866	1.7291	2.0930	2.4334	2.8609	3.1737
20	0.68696	1.1848	1.7247	2.0860	2.4231	2.8453	3.1534
21	0.68635	1.1831	1.7207	2.0796	2.4138	2.8314	3.1352
22	0.68580	1.1816	1.7171	2.0739	2.4055	2.8188	3.1188
23	0.68531	1.1802	1.7139	2.0687	2.3979	2.8073	3.1040
24	0.68485	1.1789	1.7109	2.0639	2.3910	2.7969	3.0905
25	0.68443	1.1777	1.7081	2.0595	2.3846	2.7874	3.0782
26	0.68405	1.1766	1.7056	2.0555	2.3788	2.7787	3.0669
27	0.68370	1.1757	1.7033	2.0518	2.3734	2.7707	3.0565
28	0.68335	1.1748	1.7011	2.0484	2.3685	2.7633	3.0469
29	0.68304	1.1739	1.6991	2.0452	2.3638	2.7564	3.0380
30	0.68276	1.1731	1.6973	2.0423	2.3596	2.7500	3.0298
40	0.68066	1.1673	1.6839	2.0211	2.3289	2.7045	2.9712
60	0.67862	1.1616	1.6707	2.0003	2.2991	2.6603	2.9146
120	0.67656	1.1559	1.6577	1.9799	2.2699	2.6174	2.8599
∞	0.67449	1.1503	1.6449	1.9600	2.2414	2.5758	2.8070

この表は，P.G.ホーエル著／浅井 晃・村上正康訳「初等統計学」(改訂版) 培風館 (1970) より改変して再録したものである．

付表 3 カイ2乗分布表

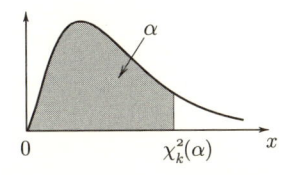

α \ k	.005	.01	.025	.05	.10	.90	.95	.975	.99	.995
1	0.0^4393	0.0^3157	0.0^3982	0.0^2393	0.0158	2.71	3.84	5.02	6.63	7.88
2	0.0100	0.0201	0.0506	0.103	0.211	4.61	5.99	7.38	9.21	10.60
3	0.0717	0.115	0.216	0.352	0.584	6.25	7.81	9.35	11.34	12.84
4	0.207	0.297	0.484	0.711	1.064	7.78	9.49	11.14	13.28	14.86
5	0.412	0.554	0.831	1.145	1.610	9.24	11.07	12.83	15.09	16.75
6	0.676	0.872	1.237	1.635	2.20	10.64	12.59	14.45	16.81	18.55
7	0.989	1.239	1.690	2.17	2.83	12.02	14.07	16.01	18.48	20.3
8	1.344	1.646	2.18	2.73	3.49	13.36	15.51	17.53	20.1	22.0
9	1.735	2.09	2.70	3.33	4.17	14.68	16.92	19.02	21.7	23.6
10	2.16	2.56	3.25	3.94	4.87	15.99	18.31	20.5	23.2	25.2
11	2.60	3.05	3.82	4.57	5.58	17.28	19.68	21.9	24.7	26.8
12	3.07	3.57	4.40	5.23	6.30	18.55	21.0	23.3	26.2	28.3
13	3.57	4.11	5.01	5.89	7.04	19.81	22.4	24.7	27.7	29.8
14	4.07	4.66	5.63	6.57	7.79	21.1	23.7	26.1	29.1	31.3
15	4.60	5.23	6.26	7.26	8.55	22.3	25.0	27.5	30.6	32.8
16	5.14	5.81	6.91	7.96	9.31	23.5	26.3	28.8	32.0	34.3
17	5.70	6.41	7.56	8.67	10.09	24.8	27.6	30.2	33.4	35.7
18	6.26	7.01	8.23	9.39	10.86	26.0	28.9	31.5	34.8	37.2
19	6.84	7.63	8.91	10.12	11.65	27.2	30.1	32.9	36.2	38.6
20	7.43	8.26	9.59	10.85	12.44	28.4	31.4	34.2	37.6	40.0
21	8.03	8.90	10.28	11.59	13.24	29.6	32.7	35.5	38.9	41.4
22	8.64	9.54	10.98	12.34	14.04	30.8	33.9	36.8	40.3	42.8
23	9.26	10.20	11.69	13.09	14.85	32.0	35.2	38.1	41.6	44.2
24	9.89	10.86	12.40	13.85	15.66	33.2	36.4	39.4	43.0	45.6
25	10.52	11.52	13.12	14.61	16.47	34.4	37.7	40.6	44.3	46.9
26	11.16	12.20	13.84	15.38	17.29	35.6	38.9	41.9	45.6	48.3
27	11.81	12.88	14.57	16.15	18.11	36.7	40.1	43.2	47.0	49.6
28	12.46	13.56	15.31	16.93	18.94	37.9	41.3	44.5	48.3	51.0
29	13.12	14.26	16.05	17.71	19.77	39.1	42.6	45.7	49.6	52.3
30	13.79	14.95	16.79	18.49	20.6	40.3	43.8	47.0	50.9	53.7
40	20.7	22.2	24.4	26.5	29.1	51.8	55.8	59.3	63.7	66.8
50	28.0	29.7	32.4	34.8	37.7	63.2	67.5	71.4	76.2	79.5
60	35.5	37.5	40.5	43.2	46.5	74.4	79.1	83.3	88.4	92.0
70	43.3	45.4	48.8	51.7	55.3	85.5	90.5	95.0	100.4	104.2
80	51.2	53.5	57.2	60.4	64.3	96.6	101.9	106.6	112.3	116.3
90	59.2	61.8	65.6	69.1	73.3	107.6	113.1	118.1	124.1	128.3
100	67.3	70.1	74.2	77.9	82.4	118.5	124.3	129.6	135.8	140.2

この表は，国沢清典編「確率統計演習 2　統計」培風館 (1966) より改変して再録したものである．

付表 4(a)　F 分布表 $f_{n_1,n_2}(\alpha)$ ($\alpha = 0.95$)

n_2 \ n_1	1	2	3	4	5	6	7	8	9	10	12	15	20	24	30	40	60	120	∞
1	161.45	199.50	215.71	224.58	230.16	233.99	236.77	238.88	240.54	241.88	243.91	245.95	248.01	249.05	250.09	251.14	252.20	253.25	254.32
2	18.513	19.000	19.164	19.247	19.296	19.330	19.353	19.371	19.385	19.396	19.413	19.429	19.446	19.454	19.462	19.471	19.479	19.487	19.496
3	10.128	9.5521	9.2766	9.1172	9.0135	8.9406	8.8868	8.8452	8.8123	8.7855	8.7446	8.7029	8.6602	8.6385	8.6166	8.5944	8.5720	8.5494	8.5265
4	7.7086	6.9443	6.5914	6.3883	6.2560	6.1631	6.0942	6.0410	5.9988	5.9644	5.9117	5.8578	5.8025	5.7744	5.7459	5.7170	5.6878	5.6581	5.6281
5	6.6079	5.7861	5.4095	5.1922	5.0503	4.9503	4.8759	4.8183	4.7725	4.7351	4.6777	4.6188	4.5581	4.5272	4.4957	4.4638	4.4314	4.3984	4.3650
6	5.9874	5.1433	4.7571	4.5337	4.3874	4.2839	4.2066	4.1468	4.0990	4.0600	3.9999	3.9381	3.8742	3.8415	3.8082	3.7743	3.7398	3.7047	3.6688
7	5.5914	4.7374	4.3468	4.1203	3.9715	3.8660	3.7870	3.7257	3.6767	3.6365	3.5747	3.5108	3.4445	3.4105	3.3758	3.3404	3.3043	3.2674	3.2298
8	5.3177	4.4590	4.0662	3.8378	3.6875	3.5806	3.5005	3.4381	3.3881	3.3472	3.2840	3.2184	3.1503	3.1152	3.0794	3.0428	3.0053	2.9669	2.9276
9	5.1174	4.2565	3.8626	3.6331	3.4817	3.3738	3.2927	3.2296	3.1789	3.1373	3.0729	3.0061	2.9365	2.9005	2.8637	2.8259	2.7872	2.7475	2.7067
10	4.9646	4.1028	3.7083	3.4780	3.3258	3.2172	3.1355	3.0717	3.0204	2.9782	2.9130	2.8450	2.7740	2.7372	2.6996	2.6609	2.6211	2.5801	2.5379
11	4.8443	3.9823	3.5874	3.3567	3.2039	3.0946	3.0123	2.9480	2.8962	2.8536	2.7876	2.7186	2.6464	2.6090	2.5705	2.5309	2.4901	2.4480	2.4045
12	4.7472	3.8853	3.4903	3.2592	3.1059	2.9961	2.9134	2.8486	2.7964	2.7534	2.6866	2.6169	2.5436	2.5055	2.4663	2.4259	2.3842	2.3410	2.2962
13	4.6672	3.8056	3.4105	3.1791	3.0254	2.9153	2.8321	2.7669	2.7144	2.6710	2.6037	2.5331	2.4589	2.4202	2.3803	2.3392	2.2966	2.2524	2.2064
14	4.6001	3.7389	3.3439	3.1122	2.9582	2.8477	2.7642	2.6987	2.6458	2.6021	2.5342	2.4630	2.3879	2.3487	2.3082	2.2664	2.2230	2.1778	2.1307
15	4.5431	3.6823	3.2874	3.0556	2.9013	2.7905	2.7066	2.6408	2.5876	2.5437	2.4753	2.4035	2.3275	2.2878	2.2468	2.2043	2.1601	2.1141	2.0658
16	4.4940	3.6337	3.2389	3.0069	2.8524	2.7413	2.6572	2.5911	2.5377	2.4935	2.4247	2.3522	2.2756	2.2354	2.1938	2.1507	2.1058	2.0589	2.0096
17	4.4513	3.5915	3.1968	2.9647	2.8100	2.6987	2.6143	2.5480	2.4943	2.4499	2.3807	2.3077	2.2304	2.1898	2.1477	2.1040	2.0584	2.0107	1.9604
18	4.4139	3.5546	3.1599	2.9277	2.7729	2.6613	2.5767	2.5102	2.4563	2.4117	2.3421	2.2686	2.1906	2.1497	2.1071	2.0629	2.0166	1.9681	1.9168
19	4.3808	3.5219	3.1274	2.8951	2.7401	2.6283	2.5435	2.4768	2.4227	2.3779	2.3080	2.2341	2.1555	2.1141	2.0712	2.0264	1.9796	1.9302	1.8780
20	4.3513	3.4928	3.0984	2.8661	2.7109	2.5990	2.5140	2.4471	2.3928	2.3479	2.2776	2.2033	2.1242	2.0825	2.0391	1.9938	1.9464	1.8963	1.8432
21	4.3248	3.4668	3.0725	2.8401	2.6848	2.5727	2.4876	2.4205	2.3661	2.3210	2.2504	2.1757	2.0960	2.0540	2.0102	1.9645	1.9165	1.8657	1.8117
22	4.3009	3.4434	3.0491	2.8167	2.6613	2.5491	2.4638	2.3965	2.3419	2.2967	2.2258	2.1508	2.0707	2.0283	1.9842	1.9380	1.8895	1.8380	1.7831
23	4.2793	3.4221	3.0280	2.7955	2.6400	2.5277	2.4422	2.3748	2.3201	2.2747	2.2036	2.1282	2.0476	2.0050	1.9605	1.9139	1.8649	1.8128	1.7570
24	4.2597	3.4028	3.0088	2.7763	2.6207	2.5082	2.4226	2.3551	2.3002	2.2547	2.1834	2.1077	2.0267	1.9838	1.9390	1.8920	1.8424	1.7897	1.7331
25	4.2417	3.3852	2.9912	2.7587	2.6030	2.4904	2.4047	2.3371	2.2821	2.2365	2.1649	2.0889	2.0075	1.9643	1.9192	1.8718	1.8217	1.7684	1.7110
26	4.2252	3.3690	2.9751	2.7426	2.5868	2.4741	2.3883	2.3205	2.2655	2.2197	2.1479	2.0716	1.9898	1.9464	1.9010	1.8533	1.8027	1.7488	1.6906
27	4.2100	3.3541	2.9604	2.7278	2.5719	2.4591	2.3732	2.3053	2.2501	2.2043	2.1323	2.0558	1.9736	1.9299	1.8842	1.8361	1.7851	1.7307	1.6717
28	4.1960	3.3404	2.9467	2.7141	2.5581	2.4453	2.3593	2.2913	2.2360	2.1900	2.1179	2.0411	1.9586	1.9147	1.8687	1.8203	1.7689	1.7138	1.6541
29	4.1830	3.3277	2.9340	2.7014	2.5454	2.4324	2.3463	2.2782	2.2229	2.1768	2.1045	2.0275	1.9446	1.9005	1.8543	1.8055	1.7537	1.6981	1.6377
30	4.1709	3.3158	2.9223	2.6896	2.5336	2.4205	2.3343	2.2662	2.2107	2.1646	2.0921	2.0148	1.9317	1.8874	1.8409	1.7918	1.7396	1.6835	1.6223
40	4.0848	3.2317	2.8387	2.6060	2.4495	2.3359	2.2490	2.1802	2.1240	2.0772	2.0035	1.9245	1.8389	1.7929	1.7444	1.6928	1.6373	1.5766	1.5089
60	4.0012	3.1504	2.7581	2.5252	2.3683	2.2540	2.1665	2.0970	2.0401	1.9926	1.9174	1.8364	1.7480	1.7001	1.6491	1.5943	1.5343	1.4673	1.3893
120	3.9201	3.0718	2.6802	2.4472	2.2900	2.1750	2.0867	2.0164	1.9588	1.9105	1.8337	1.7505	1.6587	1.6084	1.5543	1.4952	1.4290	1.3519	1.2539
∞	3.8415	2.9957	2.6049	2.3719	2.2141	2.0986	2.0096	1.9384	1.8799	1.8307	1.7522	1.6664	1.5705	1.5173	1.4591	1.3940	1.3180	1.2214	1.0000

この表は，青木利夫・吉原健一著「改訂 統計学要論」培風館 (1985) より再録したものである．

付表

付表 4(b)   F 分布表 $f_{n_1,n_2}(\alpha)$ ($\alpha = 0.975$)

n_1 \ n_2	1	2	3	4	5	6	7	8	9	10	12	15	20	24	30	40	60	120	∞
1	647.79	799.50	864.16	899.58	921.85	937.11	948.22	956.66	963.28	968.63	976.71	984.87	993.10	997.25	1001.4	1005.6	1009.8	1014.0	1018.3
2	38.506	39.000	39.165	39.248	39.298	39.331	39.355	39.373	39.387	39.398	39.415	39.431	39.448	39.456	39.465	39.473	39.481	39.490	39.498
3	17.443	16.044	15.439	15.101	14.885	14.735	14.624	14.540	14.473	14.419	14.337	14.253	14.167	14.124	14.081	14.037	13.992	13.947	13.902
4	12.218	10.649	9.9792	9.6045	9.3645	9.1973	9.0741	8.9796	8.9047	8.8439	8.7512	8.6565	8.5599	8.5109	8.4613	8.4111	8.3604	8.3092	8.2573
5	10.007	8.4336	7.7636	7.3879	7.1464	6.9777	6.8531	6.7572	6.6810	6.6192	6.5246	6.4277	6.3285	6.2780	6.2269	6.1751	6.1225	6.0693	6.0153
6	8.8131	7.2598	6.5988	6.2272	5.9876	5.8197	5.6955	5.5996	5.5234	5.4613	5.3662	5.2687	5.1684	5.1172	5.0652	5.0125	5.9589	5.9045	4.8491
7	8.0727	6.5415	5.8898	5.5226	5.2852	5.1186	4.9949	4.8994	4.8232	4.7611	4.6658	4.5678	4.4667	4.4150	4.3624	4.3089	4.2544	4.1989	4.1423
8	7.5709	6.0595	5.4160	5.0526	4.8173	4.6517	4.5286	4.4332	4.3572	4.2951	4.1997	4.1012	3.9995	3.9472	3.8940	3.8398	3.7844	3.7279	3.6702
9	7.2093	5.7147	5.0781	4.7181	4.4844	4.3197	4.1971	4.1020	4.0260	3.9639	3.8682	3.7694	3.6669	3.6142	3.5604	3.5055	3.4493	3.3918	3.3329
10	6.9367	5.4564	4.8256	4.4683	4.2361	4.0721	3.9498	3.8549	3.7790	3.7168	3.6209	3.5217	3.4186	3.3654	3.3110	3.2554	3.1984	3.1399	3.0798
11	6.7241	5.2559	4.6300	4.2751	4.0440	3.8807	3.7586	3.6638	3.5879	3.5257	3.4296	3.3299	3.2261	3.1725	3.1176	3.0613	3.0035	2.9441	2.8828
12	6.5538	5.0959	4.4742	4.1212	3.8911	3.7283	3.6065	3.5118	3.4358	3.3736	3.2773	3.1772	3.0728	3.0187	2.9633	2.9063	2.8478	2.7874	2.7249
13	6.4143	4.9653	4.3472	3.9959	3.7667	3.6043	3.4827	3.3880	3.3120	3.2497	3.1532	3.0527	2.9477	2.8932	2.8373	2.7797	2.7204	2.6590	2.5955
14	6.2979	4.8567	4.2417	3.8919	3.6634	3.5014	3.3799	3.2853	3.2093	3.1469	3.0501	2.9493	2.8437	2.7888	2.7324	2.6742	2.6142	2.5519	2.4872
15	6.1995	4.7650	4.1528	3.8043	3.5764	3.4147	3.2934	3.1987	3.1227	3.0602	2.9633	2.8621	2.7559	2.7006	2.6437	2.5850	2.5242	2.4611	2.3953
16	6.1151	4.6867	4.0768	3.7294	3.5021	3.3406	3.2194	3.1248	3.0488	2.9862	2.8890	2.7875	2.6808	2.6252	2.5678	2.5085	2.4471	2.3831	2.3163
17	6.0420	4.6189	4.0112	3.6648	3.4379	3.2767	3.1556	3.0610	2.9849	2.9222	2.8249	2.7230	2.6158	2.5598	2.5021	2.4422	2.3801	2.3153	2.2474
18	5.9781	4.5597	3.9539	3.6083	3.3820	3.2209	3.0999	3.0053	2.9291	2.8664	2.7689	2.6667	2.5590	2.5027	2.4445	2.3842	2.3214	2.2558	2.1869
19	5.9216	4.5075	3.9034	3.5587	3.3327	3.1718	3.0509	2.9563	2.8800	2.8173	2.7196	2.6171	2.5089	2.4523	2.3937	2.3329	2.2695	2.2032	2.1333
20	5.8715	4.4613	3.8587	3.5147	3.2891	3.1283	3.0074	2.9128	2.8365	2.7737	2.6758	2.5731	2.4645	2.4076	2.3486	2.2873	2.2234	2.1562	2.0853
21	5.8266	4.4199	3.8188	3.4754	3.2501	3.0895	2.9686	2.8740	2.7977	2.7348	2.6368	2.5338	2.4247	2.3675	2.3082	2.2465	2.1819	2.1141	2.0422
22	5.7863	4.3828	3.7829	3.4401	3.2151	3.0546	2.9338	2.8392	2.7628	2.6998	2.6017	2.4984	2.3890	2.3315	2.2718	2.2097	2.1446	2.0760	2.0032
23	5.7498	4.3492	3.7505	3.4083	3.1835	3.0232	2.9024	2.8077	2.7313	2.6682	2.5699	2.4665	2.3567	2.2989	2.2389	2.1763	2.1107	2.0415	1.9677
24	5.7167	4.3187	3.7211	3.3794	3.1548	2.9946	2.8738	2.7791	2.7027	2.6396	2.5412	2.4374	2.3273	2.2693	2.2090	2.1460	2.0799	2.0099	1.9353
25	5.6864	4.2909	3.6943	3.3530	3.1287	2.9685	2.8478	2.7531	2.6766	2.6135	2.5149	2.4110	2.3005	2.2422	2.1816	2.1183	2.0517	1.9811	1.9055
26	5.6586	4.2655	3.6697	3.3289	3.1048	2.9447	2.8240	2.7293	2.6528	2.5895	2.4909	2.3867	2.2759	2.2174	2.1565	2.0928	2.0257	1.9545	1.8781
27	5.6331	4.2421	3.6472	3.3067	3.0828	2.9228	2.8021	2.7074	2.6309	2.5676	2.4688	2.3644	2.2533	2.1946	2.1334	2.0693	2.0018	1.9299	1.8527
28	5.6096	4.2205	3.6264	3.2863	3.0625	2.9027	2.7820	2.6872	2.6106	2.5473	2.4484	2.3438	2.2324	2.1735	2.1121	2.0477	1.9796	1.9072	1.8291
29	5.5878	4.2006	3.6072	3.2674	3.0438	2.8840	2.7633	2.6686	2.5919	2.5286	2.4295	2.3248	2.2131	2.1540	2.0923	2.0276	1.9591	1.8861	1.8072
30	5.5675	4.1821	3.5894	3.2499	3.0265	2.8667	2.7460	2.6513	2.5746	2.5112	2.4120	2.3072	2.1952	2.1359	2.0739	2.0089	1.9400	1.8664	1.7867
40	5.4239	4.0510	3.4633	3.1261	2.9037	2.7444	2.6238	2.5289	2.4519	2.3882	2.2882	2.1819	2.0677	2.0069	1.9429	1.8752	1.8028	1.7242	1.6371
60	5.2857	3.9253	3.3425	3.0077	2.7863	2.6274	2.5068	2.4117	2.3344	2.2702	2.1692	2.0613	1.9445	1.8817	1.8152	1.7440	1.6668	1.5810	1.4822
120	5.1524	3.8046	3.2270	2.8943	2.6740	2.5154	2.3948	2.2994	2.2217	2.1570	2.0548	1.9450	1.8249	1.7597	1.6899	1.6141	1.5299	1.4327	1.3104
∞	5.0239	3.6889	3.1161	2.7858	2.5665	2.4082	2.2875	2.1918	2.1136	2.0483	1.9447	1.8326	1.7085	1.6402	1.5660	1.4835	1.3883	1.2684	1.0000

この表は，青木利夫・吉原健一著「改訂 統計学要論」培風館 (1985) より再録したものである．

索　引

あ　行

一様分布　47, 54
一様乱数　83
一致推定量　96
ウェルチ検定　134
ウェルチの信頼区間　133
F 分布　77

か　行

回帰係数　23, 142
回帰直線　23
階級　11
階級値　11
カイ2乗分布　74
確率　31
確率関数　36
確率空間　31
確率測度　31
確率分布関数　35
確率変数　34, 35
　　——の線形変換　66
確率密度関数　38
仮説検定　113
可測空間　30
傾き　23
間隔尺度　4
観測値　1
ガンマ関数　60
ガンマ分布　60
幾何分布　50
記述統計学　1

期待値　39
帰無仮説　115
共分散　18, 44
空事象　29
区間推定　100
クーポンコレクター問題　51
クラメール・ラオの下限　97
経験的確率　28
結合分布　68
決定係数　25
検出力　124
検出力曲線　125
検定統計量　115
誤差項　142
コルモゴロフの公理　31
根元事象　29

さ　行

最小二乗法　22
再生性　73
最尤推定法　98
最尤推定量　98
残差平方和　21
散布図　18
散布度　8
サンプルサイズ　2
σ 集合体　30
試行　29
事後確率　33
事象　29
　　——の独立性　32

指数分布　55
事前確率　33
質的変数　5
四分位点　14
四分位範囲　15
四分位偏差　15
従属変数　21
自由度　74
周辺分布　68
主観的確率　28
順序尺度　4
条件付き確率　31
信頼区間　100
信頼度　101
推定値　93
推定量　93
数学的確率　28
正規分布　56
生存関数　56
積事象　29
積率母関数　79
切片　23
説明変数　21
漸近理論　89
線形変換　57
全事象　29
相関係数　20, 44
相対度数　11

た　行

第1(下側)四分位点　14
第2四分位点　14
第3(上側)四分位点　14
第I種の誤り　123
第II種の誤り　124
大数の弱法則　88
大数の法則　86
対数尤度関数　98

対立仮説　115
互いに独立　31, 32
畳み込み　70
多変量正規分布　58
多変量データ　2
単回帰モデル　142
チェビシェフの不等式　87
中央値　6
中心極限定理　88
t 分布　75
テイラー展開　79
統計的確率　28
同時確率　68
同時分布　68
独立　43
　──で同一の分布に従う　86
独立変数　21
度数　11
度数分布表　11

な　行

二項分布　48
2変数のデータ　2
ノンパラメトリック　92

は　行

背後分布　47
排反事象　29
箱ひげ図　15
外れ値　7, 15
パーセント点　14
パラメトリック　92
範囲　8
ヒストグラム　13
被説明変数　21
左側仮説　117
左側検定　117
標準化　57, 79, 89

索　引

標準正規分布　57
標準偏差　9, 10, 40
標本　1
標本空間　29
標本サイズ　2
標本比率　106
比例尺度　4
部分集合族　29
不偏推定量　93
不偏分散　95
分散　9, 40
平均　39
平均値　6
平均偏差　9
ベイズの法則　33
ベータ関数　77
偏差値　26
変数　1
ポアソン過程　52
ポアソン分布　52
棒グラフ　17
母集団　1
母集団分布　92
ボレル集合族　30

ま　行

マルコフの不等式　86

右側仮説　117
右側検定　117
密度　13
名義尺度　4
モーメント　78
モーメント母関数　78, 79

や　行

有意水準　115
有効推定量　97
尤度関数　98, 161
余事象　29

ら　行

離散型確率変数　36
離散分布　47, 69
両側仮説　117
両側検定　117
量的変数　5
累積相対度数　11
累積度数　11
連続型確率変数　38
連続分布　54, 70

わ

ワイブル分布　62
和事象　29

著者略歴

廣瀬 英雄
ひろ　せ　ひで　お

1977年　九州大学理学部数学科卒業
現　在　広島工業大学環境学部教授
　　　　九州工業大学名誉教授,
　　　　工学博士

藤野 友和
ふじ　の　とも　かず

2003年　岡山大学大学院自然科学研究
　　　　科博士後期課程修了
現　在　福岡女子大学国際文理学部准
　　　　教授, 博士（理学）

Ⓒ　廣瀬英雄・藤野友和　2015

2015年10月30日　初版発行
2019年3月1日　初版第2刷発行

確率と統計
Webアシスト演習付

著　者　廣瀬英雄
　　　　藤野友和
発行者　山本　格

発行所　株式会社　培風館

東京都千代田区九段南4-3-12・郵便番号102-8260
電話(03)3262-5256(代表)・振替00140-7-44725

中央印刷・牧 製本

PRINTED IN JAPAN

ISBN 978-4-563-01021-8　C3033